essentials

essentials liefern aktuelles Wissen in konzentrierter Form. Die Essenz dessen, worauf es als „State-of-the-Art" in der gegenwärtigen Fachdiskussion oder in der Praxis ankommt. *essentials* informieren schnell, unkompliziert und verständlich

- als Einführung in ein aktuelles Thema aus Ihrem Fachgebiet
- als Einstieg in ein für Sie noch unbekanntes Themenfeld
- als Einblick, um zum Thema mitreden zu können

Die Bücher in elektronischer und gedruckter Form bringen das Fachwissen von Springerautor*innen kompakt zur Darstellung. Sie sind besonders für die Nutzung als eBook auf Tablet-PCs, eBook-Readern und Smartphones geeignet. *essentials* sind Wissensbausteine aus den Wirtschafts-, Sozial- und Geisteswissenschaften, aus Technik und Naturwissenschaften sowie aus Medizin, Psychologie und Gesundheitsberufen. Von renommierten Autor*innen aller Springer-Verlagsmarken.

Weitere Bände in der Reihe http://www.springer.com/series/13088

Eckehard Müller

Einführung in das Thema Schlüsselkompetenzen

Eckehard Müller
Zentrum für Lehrerbildung im Institut für
Studienerfolg und Didaktik
Hochschule Bochum
Bochum, Deutschland

ISSN 2197-6708 ISSN 2197-6716 (electronic)
essentials
ISBN 978-3-658-34564-8 ISBN 978-3-658-34565-5 (eBook)
https://doi.org/10.1007/978-3-658-34565-5

Die Deutsche Nationalbibliothek verzeichnet diese Publikation in der Deutschen Nationalbibliografie; detaillierte bibliografische Daten sind im Internet über http://dnb.d-nb.de abrufbar.

Planung/Lektorat: Annika Denkert
Springer ist ein Imprint der eingetragenen Gesellschaft Springer Fachmedien Wiesbaden GmbH und ist ein Teil von Springer Nature.
Die Anschrift der Gesellschaft ist: Abraham-Lincoln-Str. 46, 65189 Wiesbaden, Germany

Was Sie in diesem *essential* finden können

Schlüsselkompetenzen ist ein zusammengesetztes Wort. Schon hier gibt es viele Deutungen und Vorstellungen. Insbesondere der Begriff der Kompetenz wird häufig verwendet, um Personen und Situationen die nötige Professionalität zu geben. Dabei wird der Begriff sehr dehnbar gehandhabt. Die genaue, wissenschaftlich anerkannte Definition von Kompetenz ist unabdingbar, um sich dann den Inhalten von Schlüsselkompetenzen zu widmen und das Portfolio dieser zu verstehen. Daraus ergeben sich auch besondere Prüfungsformen, an die man sich vielleicht erst gewöhnen muss. Auch die persönliche Ausprägung ist nicht einfach festzustellen. Lassen Sie sich einfach auf diese „Reise" mitnehmen. Ich werde Sie als „Reiseleiter" durch die Welt der Schlüsselkompetenzen zur führen, Klarheit zu schaffen, was genau Schlüsselkompetenzen sind. Des Weiteren auch zeigen, dass sich Europa schon lange vertieft Gedanken zu Schlüsselkompetenzen macht und keine Modeerscheinung ist, die sich nach ein oder zwei Dekaden verflüchtigt hat.

Vorwort

Schlüsselkompetenzen, ein Wort, welches heute noch nicht im Duden zu finden ist. Dort steht das überholte Wort Schlüsselqualifikationen. Sie werden sich vielleicht fragen: Warum überholt, veraltet? Was sind das überhaupt für „komische" Kompetenzen?

Dieses ist ein zentrales Thema in diesem Buch, warum es heute Schlüsselkompetenzen heißt. Im Englischen redet man viel von Soft Skills. Bei Stellenanzeigen wird häufig von diesen, vielleicht ominösen, Soft Skills geredet, die jeder haben sollte.

Der Autor hat sich an dieser Entwicklung und Implementierung von Schlüsselkompetenzen die letzten 18 Jahre aktiv beteiligt und dadurch auch die unterschiedlichen Vorstellungen und Haltungen über das Verständnis und die Notwendigkeit von Schlüsselkompetenzen miterlebt.

Diese Lektüre soll den Leser in die Lage versetzen zu verstehen, wenn von diesem Thema geredet wird, es einordnen können und auch qualifiziert mitreden können. Natürlich werden hier die nicht alle Details behandelt. Brauchen und sollen sie auch nicht. Es ist ein Essential. Dafür wird dann auf weitere Literatur verwiesen.

Es soll ein erquickliches Lesen sein, um einen Überblick zu bekommen.

Wie sagte Wilhelm Busch:

Also lautet ein Beschluss:
Daß der Mensch was lernen muß. –
Nicht allein das A-B-C
Bringt den Menschen in die Höh';
Nicht allein im Schreiben, Lesen
Übt sich ein vernünftig Wesen;
Nicht allein in Rechnungssachen
Soll der Mensch sich Mühe machen;
Sondern auch der Weisheit Lehren
Muß man mit Vergnügen hören. –

Ich wünsche Ihnen viel Freude und Kurzweil beim Studieren dieses Essentials aus der Springer Reihe.

Ihr

Eckehard Müller

Inhaltsverzeichnis

Einleitung 1

Wir leben in einer dynamisch sich verändernden Welt. Neue Ideen nehmen Formen an, wie z. B Industrie 4.0, Big Data oder auch disrupte Technologien. Diese bewirken auch disrupte Änderungen in der Firmenlandschaft. Wer nicht mithält und innovativ ist, kommt so schnell ins Hintertreffen, dass er den Vorsprung anderer nicht mehr nachholen kann. In dieser Entwicklung sind viele Menschen mit Ihrem Know-how involviert, aber auch welche, die sich in der Vergangenheit noch nicht damit beschäftigt haben. Flexibilität ist gefragt, um den Veränderungen gerecht zu werden. D. h. derjenige wird im Vorteil sein, bei dem die sogenannten Schlüsselkompetenzen ausgeprägt sind. Nennen wir es hier, sich in der neuen Umgebung zurecht zu finden (Die genaue Definition kommt später.). Es gilt nicht nur für spezielle Berufszweige, sondern sind allgemeine Kompetenzen, die im fast jedem Beruf wie auch im privaten Leben unabdinglich sind und in Zukunft die Qualität unseres Lebens noch stärker verbessern werden.

Das Bezahlen mit dem Handy, die Entwicklung von „Krankheits-Apps", die dem Arzt helfen, die Diagnosen und den Behandlungsprozess zu optimieren. Die klassische Bewerbung der Mappe ist out. Wer sich nicht online bewerben kann, zeigt, dass er mit den Entwicklungen der letzten Jahre nicht mithalten konnte. Wer sich nach dem Studium für einen Job bewirbt und kein „Highlight" in seinem Lebenslauf hat, hat es schwer. Ich frage dieses immer meine Studierenden, wenn sie ankommen und mich nach einer Stelle fragen, auf die sie sich bewerben können. Z. B. ein Highlight ist die ehrenamtliche Mitarbeit in einem Kinderheim in Indien. Die Person hat die Sprachkenntnisse erweitert und interkulturelle Kompetenzen erworben. Das gleiche gilt, einmal ein oder zwei Semester im Ausland studiert zu haben. Wer als Schüler Schulsprecher war, spricht „Bände".

E. Müller, *Einführung in das Thema Schlüsselkompetenzen*, essentials,
https://doi.org/10.1007/978-3-658-34565-5_1

Selbstsicheres Auftreten, rhetorische Kenntnisse, Organisationsgeschick und Verhandlungserfahrung. Alles Kompetenzen, die nahezu in jedem Beruf gefordert werden. Doch fangen wir jetzt von vorne an.

Was sind Kompetenzen? 2

Der Kompetenzbegriff hat eine facettenreiche Besetzung. Meistens wird schon von Kompetenzen gesprochen, die eigentlich Qualifikationen sind. Daher wird öfter aneinander vorgebeigeredet und die Parteien wundern sich, dass es zu Missverständnissen kommt. In den folgenden Kapiteln werden die Begrifflichkeiten erläutert, die auch später für die Definition von Schlüsselkompetenzen gebraucht wird.

2.1 Die Begriffe des Wissens, der Fertigkeiten und Fähigkeiten

Um ein tieferes Verständnis zur Begrifflichkeit der Kompetenz zu bekommen, stehen am Anfang die drei Begriffe: Wissen, Fertigkeit und Fähigkeit.

Der Duden definiert Wissen:

> „Gesamtheit der Kenntnisse, die jemand [auf einem bestimmten Gebiet] hat."

(Duden, 2020a)

Das Wissen kann man formal, also durch Schule, etc. erworben haben, wie auch informell, wie z. B. durch Lösen von Alltagsproblemen. Was hier in erster Linie relevant ist, ist das explizite Wissen, welches vom Individuum mitgeteilt oder schriftlich fixiert werden kann (im Gegensatz dazu, gibt es noch implizites Wissen, welches unbewusst vorhanden ist (Onpulson, 2020).).

Die Fertigkeit bezieht sich dagegen auf Tätigkeiten:

E. Müller, *Einführung in das Thema Schlüsselkompetenzen*, essentials,
https://doi.org/10.1007/978-3-658-34565-5_2

▶„... bei der Ausführung bestimmter Tätigkeiten erworbene Geschicklichkeit; Routine, Technik.“

(Duden, 2020b)
Jemand der handwerklich geschickt ist oder eine Person, die ein Musikinstrument beherrscht, werden spezifischen Fertigkeiten zugeschrieben.

Der Begriff der Fähigkeit ist schon über den beiden Begriffen Wissen und Fertigkeit angesiedelt. Da hier es eine sehr breite Definitionsebene gibt, soll in diesem Zusammenhang darunter das informelle Zusammenspiel von Wissen und Fertigkeiten verstanden werden. W. Hacker drückte es als verfestigte Systeme verallgemeinerter psychophysischer Handlungsprozesse aus (Hacker, 1973).

Im Englischen findet man häufig in der Fachliteratur das Wort „literacy“ für Fähigkeit, welches relativ eindeutig ist. In Abschn. 2.4 wird auf den häufig benutzen Begriff „skill“ eingegangen.

Dagegen ist der Qualifikationsbegriff klar umrissen und ist ein wichtiger Schritt auf dem Weg zum Verstehen des Kompetenzbegriffes.

2.2 Der Begriff der Qualifikation

Bei dem Qualifikationsbegriff sind die Vorstellungen in der Arbeits- und Beraterwelt sehr durcheinander. Eine Definition, die aus Sicht der wissenschaftlichen Perspektive sehr gut ist, stammt aus dem Projekt KOMNetz (Kompetenzentwicklung in vernetzten Lernstrukturen):

▶„Unter Qualifikationen werden Fertigkeiten, Kenntnisse, Fähigkeiten und Wissensbestände im Hinblick auf ihre Verwertbarkeit für bestimmte Tätigkeiten oder Berufe verstanden. Qualifikationen werden aus der Sicht der Nachfrage und nicht aus der Sicht des Subjekts bestimmt. Sie sind den beruflichen Kompetenzen und der beruflichen Handlungskompetenz untergeordnet bzw. sind als deren integrale Bestandteile zu sehen.“

(KOMNetz, 2006)
Hier wird eindeutig gesagt, dass die Qualifikation der Kompetenz untergeordnet ist, welches öfter im „Alltagleben“ z. B. von Beratern und Personalern teilweise gleichgesetzt wird. Qualifikationen beinhalten alle erläuterten Dispositionen Wissen, Fertigkeiten und Fähigkeiten.

Die nächsthöhere Stufe ist die Kompetenz.

2.3 Der Begriff der Kompetenz

Historisch gesehen ist der Begriff völlig anders belegt. Wenn man sich vor fast 100 Jahren die Definition des Begriffs der Kompetenz verdeutlicht, so wurde er im rechtsstaatlichen Kontext gebraucht: „Befugnis, Zuständigkeit, der bestimmte Wirkungskreis einer Behörde, auch das, was jemanden von Rechts wegen zukommt.“ (Brockhaus, 1924) Dieses wird heute ganz anders gesehen.

Die OECD definiert Kompetenzen:

„A competence is more than just knowledge and skills. It involves the ability to meet complex demands, by drawing on and mobilizing psychosocial resources (including skills and attitudes) in a particular context. For example, the ability to communicate effectively is a competency that may draw on an individual's knowledge of language, practical IT skills and attitudes towards those with whom he or she is communicating.“

(OECD, 2005a)

Sieht man sich diese Definition an, so sind die beiden Schlüsselwörter „complex demands“. Sieht man sich dazu noch die Definition von Weihnert an:

Kompetenzen sind „die bei Individuen verfügbaren oder durch sie erlernbaren kognitiven Fähigkeiten und Fertigkeiten, um bestimmte Probleme zu lösen, sowie die damit verbundenen motivationalen, volitionalen und sozialen Bereitschaften und Fähigkeiten, um die Problemlösungen in variablen Situationen erfolgreich und verantwortungsvoll nutzen zu können.“

(Weihnert, 2001)

Als Extrakt aus diesen Definitionen lässt sich ableiten, dass die Anwendung von Qualifikationen in komplexen Handlungszusammenhängen eine Kompetenz ausmacht.

Die Einbettung der verschiedenen Begrifflichkeiten lässt sich in Abb. 2.1 verdeutlichen.

Um die Zusammenhänge noch besser zu verstehen, werden jetzt zwei Beispiele erläutert.

Beispiel

Eine typische Arbeit in Alltag einer Sekretärin ist das Schreiben von Briefen, Protokollen, etc. Das Wissen, das sie braucht, ist Buchstaben und Wörter zu kennen. Eine Fertigkeit, die notwendig ist, dass die Finger beweglich sind

Abb. 2.1 Einbettung der verschiedenen Begriffe

und die Person diese koordinieren kann. Dann macht die Person einen Kurs, um mit zehn Fingern schnell schreiben zu können. Durch die Prüfung, in welcher dieses bestätigt wird, hat sie eine Qualifikation erworben, d. h. die Anwendung in einer „sterilen" Umgebung bewiesen. Um die Kompetenz zu haben, bedarf es mehr. Es ist die Anwendung in komplexen Handlungszusammenhängen. Es könnte in diesem Fall sein, dass die Person im Sekretariat eines Geschäftsführers arbeitet. Während des Schreibens kommen Telefonate an, müssen Termine koordiniert werden, muss Besuch versorgt werden und es herrscht durch Gespräche noch ein gewisser Lautstärkepegel, der kurzfristig bei der Verabschiedung von Besuch im Vorzimmer erzeugt wird. Dann soll aber parallel ein Schriftstück fehlerfrei (!) geschrieben werden, trotz der Unterbrechungen und der Umgebungsgeräusche. Kann die Person dieses dann leisten, ist sie kompetent im Sinne der Definition.◂

Beispiel

Ein weiteres Beispiel ist ein Feuerwehrmann. Eine wichtige Fertigkeit ist das kraftvolle Halten von Gegenständen und Werkzeugen. Der Schulabschluss, der bei der Ausübung des Berufs verlangt wird, stellt das Wissen dar. Die Fähigkeiten, die man in diesem Falle nenne könnte, wäre die geforderte fertige Berufsausbildung, die auch praktische Tätigkeiten enthält. Dann folgt, nach

Tab. 2.1 Einteilung der Begriffe nach Gerhard Bunk

	Berufskönnen	Berufsqualifizierung	Berufskompetenz
Aktionsradius	Einzelberuflich definiert und fundiert	Berufsbreite Flexibilität	Berufsumfeld und Arbeitsorganisation
Charakter der Arbeit	Gebundene ausführende Arbeit	Ungebundene ausführende Arbeit	Freie dispositive Arbeit
Organisationsgrad	Fremdorientiert	Selbstständig	Selbstorganisierend

(Siehe auch Dröge, 2012)

erfolgreichem Einstellungstest, die Ausbildung zum Feuerwehrmann. Diese unterteilt sich in einen theoretischen Teil und einen praktischen Teil. Nach erfolgreicher Absolvierung beider Teile hat man auf alle Fälle die Qualifikation „Feuerwehrmann" erworben. Die praktische Ausbildung geht schon in Richtung Kompetenz. Durch die Tätigkeit bei realen Einsätzen (Brandbekämpfung, Dekontamination, Rettung von Unfallopfern, …) zeigt man durch sein Verhalten, ob man die nötige Kompetenz besitzt.◄

Beide Beispiele zeigen aber auch, dass in einer sich schnell verändernden Welt, die Kompetenzen immer wieder weiterentwickelt werden müssen, um weiter erfolgreich agieren zu können. Dieses ist ein wichtiger Aspekt, der unter der Begriff Lebenslanges Lernen (LLL oder L^3) fällt.

Gerhard Bunk (Bunk, 1994) prägte 1994 die drei Begriffe Berufskönnen, Berufsqualifikation und Berufskompetenz. Die Grundelemente von allen drei Kategorien sind Kenntnisse oder Wissen, Fähigkeiten und Fertigkeiten (Tab. 2.1). Es wird die Staffelung der einzelnen Stufen recht deutlich.

Hildegard Schaper (Schaeper, 2005) fast die Differenzierung der Begriffe wie folgt zusammen (Abb. 2.2). Es wird wiederum deutlich, dass Kompetenz an eine individuelle Person (oder Persönlichkeit) gekoppelt ist.

2.4 Der englische Begriff Skills

Im Zusammenhang mit Kompetenzen wird auch insbesondere im amerikanischen Raum von „skills" gesprochen. Dieses Wort ist aber vielfältig belegt. Auf der einen Seite wird „skills" mit Fähigkeit oder Fertigkeit übersetzt und am anderen Ende der Skala mit Kompetenzen. Hier ist z. B. der „skilled worker" zu nennen, der als Facharbeiter oder Fachkraft übersetzt wird (Leo, 2020). Dieser

„Qualifikation“	„Kompetenz“
nachfrageorientiert: „Qualifikation“ beschränkt sich auf die Erfüllung konkreter Nachfragen bzw. Anforderungen (Aspekt der Verwertbarkeit).	subjektorientiert: „Kompetenz“ ist subjektbezogen, stellt die Entwicklungsmöglichkeiten und Handlungsfähigkeit des Individuums in den Mittelpunkt.
unmittelbar: „Qualifikation“ ist auf unmittelbare tätigkeitsbezogene Kenntnisse, Fähigkeiten und Fertigkeiten verengt.	ganzheitlich: „Kompetenz“ bezieht sich auf die ganze Person.
sachverhaltszentriert: „Qualifikation“ beschränkt sich auf Sachwissen.	wertorientiert: „Kompetenz“ erstreckt sich auch auf Werthaltungen und Einstellungen.

Abb. 2.2 Charakterisierung der einzelnen Begriffe. (Angelehnt an Schaeper, 2005)

besitzt mit großer Sicherheit auch Kompetenzen, die für die Verrichtung seiner Tätigkeit nötig sind. In diesem Zusammenhang wird auch von Soft Skills geredet. Dieser Begriff wird im nächsten Kapitel näher erfasst. Wenn man im Englischen eindeutig über Schlüsselkompetenzen reden will, dann sollte man das Wort „key competences“ benutzen (siehe auch Abschn. 3.2.3).

Fazit dieses Kapitels

Vielleicht kann man dieses Kapitel mit Goethes Worten zusammenfassen: „Es ist nicht genug zu wissen, man muß es auch anwenden; es ist genug zu wollen, man muß es auch tun.“

Was sind Schlüsselkompetenzen?

3

In den folgenden Unterkapiteln wird die historische Entwicklung dargestellt, aus welcher schnell das Verständnis für Schlüsselkompetenzen erwächst und die Einteilung erklärt. Wegweisende Publikationen von der EU und OECD werden erläutert, die eine umfassendes Portfolio und deren Einbettung der Schlüsselkompetenzen beschreibt.

3.1 Historische Entwicklung

Die „Reise" zu den Schlüsselkompetenzen beginnt im Jahre 1974. Mertens greift hier den Gedanken von übergeordneten Qualifikationen auf. Er versteht unter Schlüsselqualifikationen „Kenntnisse, Fähigkeiten und Fertigkeiten, welche nicht unmittelbaren und begrenzten Bezug zu bestimmten, disparaten praktischen Tätigkeiten erbringen, sondern vielmehr

a) die Eignung für eine große Anzahl an Positionen und Funktionen als alternative Optionen zum gleichen Zeitpunkt und
b) die Eignung für die Bewältigung einer Sequenz von (meist unvorhersehbaren) Änderungen im Laufe des Lebens" (Mertens, 1974).

Stössel bringt es dann 12 Jahre später in der Berufsbildung auf folgende „Formel":

„Schlüsselqualifikationen sind berufs- und funktionsübergreifende sowie weitgehend zeitunabhängige Qualifikationen mit übergeordneter Bedeutung für die Bewältigung künftiger Aufgaben; sie sind praktisch der Schlüssel zur raschen und reibungslosen Erschließung wechselnden Spezialwissens."(Stössel, 1986).

E. Müller, *Einführung in das Thema Schlüsselkompetenzen*, essentials,
https://doi.org/10.1007/978-3-658-34565-5_3

Die Definitionen von Mertens und Stössel stellen kein Paradoxon dar; sie sind vielmehr sinnesgleich und ergänzen einander. Generell zeigt sich, dass bei der Definition von Schlüsselqualifikationen die Flexibilität von Mitarbeitenden eine wesentliche Rolle spielt. Hier taucht auch der Begriff des „Schlüssels“ auf.
Der Begriff Kompetenzen kommt erst später in die Diskussion (s. u.)

Die erste wichtige Aussage ist, dass sie allgemein gelten und nicht an spezielle Tätigkeiten oder weiter gefasst Berufe gebunden sind. Die Idee wurde bei Mertens aus der Berufspädagogik heraus geboren, da die klassischen Inhalte nicht mehr ausreichten.

In den folgenden „langen“ Jahren wurden verschiedene Modelle für Schlüsselqualifikationen entwickelt, die aber letztendlich schwer zu einem einheitlichen Bild zusammengefügt werden können. Dann hat sich eine Einteilung (siehe 3.2) durchgesetzt, die bis heute noch weitgehend benutzt wird.

Der Qualifikationsbegriff wird im Laufe der 80er und 90er Jahren langsam durch den Kompetenzbegriff ersetzt. Es zeigt, dass die Anwendung das Entscheidende ist und auch die klassischen Prüfungsformen (z. B. schriftliche Prüfungen) nicht unbedingt sinnvoll sind (siehe Kap. 5). Die ersten Jahre nach 2000 hatte sich dann der neue Begriff Schlüsselkompetenz manifestiert. In der zweiten Hälfte der nächsten Dekade wird auch der Gedanke der Schlüsselbildung ins Spiel gebracht (Müller, 2010). Dieser Gedanke wird in Kap. 6 in „anderem Kleid“ erneut aufgegriffen. Der Begriff Schlüsselbildung hat sich nicht durchgesetzt (Abb. 3.1).

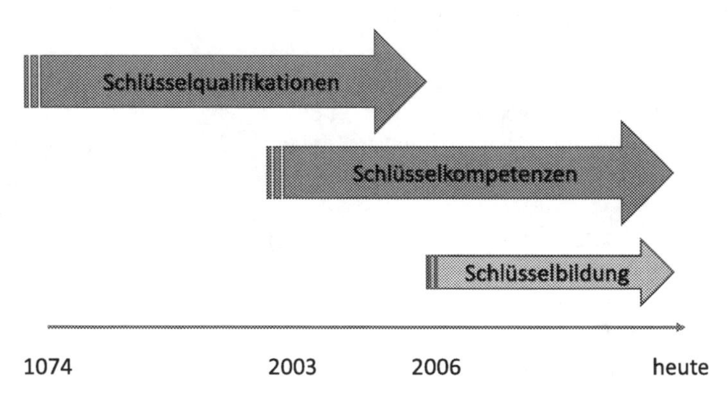

Abb. 3.1 Historische Entwicklung der Begriffe

3.2 Aktuelle Einteilung

Es werden in diesem Kapitel die gebräuchlichsten zwei Einteilungen von Richter und Erpenbeck dargestellt, die sich über zwei Jahrzehnte nur geringfügig gewandelt haben. Alle weiteren Einteilungen haben sich im wissenschaftlichen Kontext nicht dauerhaft halten können.

3.2.1 Klassische Einteilung

Im Jahre 1995 schlug C. Richter (1995) eine Dreiteilung der Schlüsselkompetenzen vor (Abb. 3.2). Jeder Mensch hat unterschiedliche Ausprägungen der einzelnen Bereiche.

In den einzelnen Bereichen wird schon von Kompetenz gesprochen, obwohl es umfassend Schlüsselqualifikationen heißt. Zu dieser Zeit gab es noch nicht die Trennschärfe zwischen Qualifikation und Kompetenz.

Es sind zum einen die methodischen Kompetenzen. Hier sind allgemeine Handlungsschemata zusammengefasst, die dann auf die eintretende Situation angepasst angewendet werden sollten. Hierunter fallen z. B. Problemlösungsstrategien (z. B. PDCA-Zyklus bei Kaizen, Problemlösung nach Kepner-Tregoe). Die Vorgaben der Strategieanwendung liegen fest. Es gilt jetzt die Situation, wo die Strategien angewendet werden, genau zu analysieren und strukturieren. Auch das

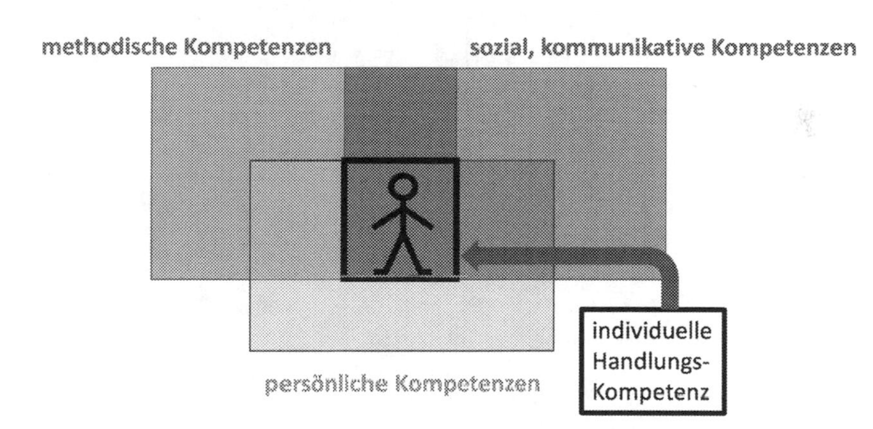

Abb. 3.2 Klassische Einteilung der Schlüsselqualifikationen

Gebiet des Präsentierens und Visualisierens fallen in diesen Bereich. Das Erstellen einer Präsentation mit entsprechend gut durchdachten didaktischen Folien ist in dem Sinne erstmal ein Handwerkszeug. Das Halten des Vortrages und das Eingehen auf die Erwartungen/Bedürfnisse des Auditoriums ist die „Kunst". Eine differenzierte Einteilung aller drei Kompetenzbereiche wird in Abschn. 4.1 gegeben.

Ein weiteres Gebiet sind die sozial, kommunikativen Kompetenzen. Wie die Adjektive schon sagen, geht es hier den sozialen und kommunikativen Bereich. Z. B. Projektmanagement fällt in diesen Bereich, da hier Menschen geführt werden müssen, obwohl Viele es mehr unter methodische Kompetenzen einordnen würden. Projektorganisation ist eine methodische Kompetenz, allerdings ein Teilgebiet des Projektmanagement. Man sieht, dass nicht immer eine totale Trennschärfe gegeben ist.

Die persönlichen Kompetenzen oder auch Selbstkompetenz genannt, sind Kompetenzen, die auf das bewusste Verhalten einer Person sich konzentrieren. Hierzu zählt z. B. das Selbstmanagement oder Stressmanagement.

Die Unterkategorien, wo gerade einige Beispiele genannt wurden, werden je nach Institution unterschiedlich eingeteilt. Eine Einteilung ist in Kap. 5 beim Lernpass dargestellt.

Es werden in der Literatur teilweise über 15 Unterkategorien gebildet. Ob dieses sinnvoll ist, hängt von der Trennschärfe ab. Es sollte durch Prüfungen oder Selbsteinschätzungen die Unterkategorie einzeln beurteilbar sein. Dieses ist öfters nicht gegeben. Mit als erstes hat diese Trennschärfe der Lernpass der Hochschule Bochum verwirklicht. (BMBF, 2004).

Diese Schnittmenge der drei Bereiche oder Oberkategorien, die bei jedem Menschen anders ausdifferenziert sind, ist das Schlüsselkompetenzportfolio der einzelnen Person, genannt die individuelle Handlungskompetenz.

Von dieser Einteilung ausgehend, haben sich weitere Einteilungen entwickelt.

3.2.2 Weitere Einteilungen

Erpenbeck bindet die Fachkompetenz mit ein. (Erpenbeck, 2012) In dem Kompetenz-Atlas Kode® werden vier Felder definiert:

- A Aktivitäts- und Handlungskompetenz
- P Personale Kompetenz
- S Sozial-kommunikative Kompetenz
- F Fach- und Methodenkompetenz

Hier wird die Fach- und Methodenkompetenz als ein Handlungsfeld vor dem Hintergrund, dass die Fachkompetenz auch ein größeres Methoden-Repertoire enthält, definiert. Der dazugehörige Check wird in Kap. 5 weiter erläutert.

Eine wichtige Rolle nimmt die interkulturelle Kompetenz bei Erpenbeck (Erpenbeck, 2013) ein. Er sieht die interkulturelle Kompetenz als eine Schlüsselkompetenz, die eine besondere Rolle in der globalen Welt ist und sein wird. Daher hebt er diese hervor. Im Modell von Richter würde diese unter sozial-kommunikative Kompetenzen fallen.

3.2.3 Verschiedene Modelle

Aus der wissenschaftlichen Diskussion des Lebenslangen Lernens haben sowohl die OECD wie auch die EU-Handlungsempfehlungen und Modelle entwickelt, die stark auf Schlüsselkompetenzen beruhen, aber relativ unabhängig von der oben beschriebenen Modellbildung sind. Dazu gibt es noch eine neue Studie, die von Ulf-Daniel Ehlers geleitet wurde und die Erkenntnisse als neue Basis für ein „Lernen der Zukunft" (Ehlers, 2020) gesehen werden können.

3.2.3.1 OECD

Die OECD (Organisation für wirtschaftliche Zusammenarbeit) geht von der zentralen Frage aus, welche Kompetenzen für ein erfolgreiches Leben und eine gut funktionierende Gesellschaft notwendig sind. (OECD, 2005b). Sie wählt einen multidisziplinären Ansatz zur Definition von Schlüsselkompetenzen, der wie folgt zusammengefasst wird:

> „Ende 1997 startete die OECD das DeSeCo-Projekt mit dem Ziel, einen soliden konzeptuellen Rahmen für die Bestimmung von Schlüsselkompetenzen und die Unterstützung internationaler Studien zur Messung des Kompetenzniveaus von Jugendlichen und Erwachsenen zu entwickeln. An diesem unter der Leitung der Schweiz und in Verbindung mit PISA durchgeführten Projekt beteiligten sich Expertinnen und Experten aus unterschiedlichen Fachrichtungen sowie Interessenvertreter aus Wirtschaft und Politik, um gemeinsam einen wissenschaftsgestützten und politisch relevanten Kompetenzrahmen zu entwickeln. Verschiedene OECD-Länder beteiligten sich am Forschungsprozess mit länderspezifischen Berichten. Das Projekt berücksichtigte die unterschiedlichen Werte und Prioritäten der einzelnen Länder, benannte aber auch globale Herausforderungen und allgemein gültige Werte, welche die Bestimmung der wichtigsten Kompetenzen beeinflussen." (OECD, 2005b)

Daraus wurden drei Felder abgeleitet (Abb. 3.3).

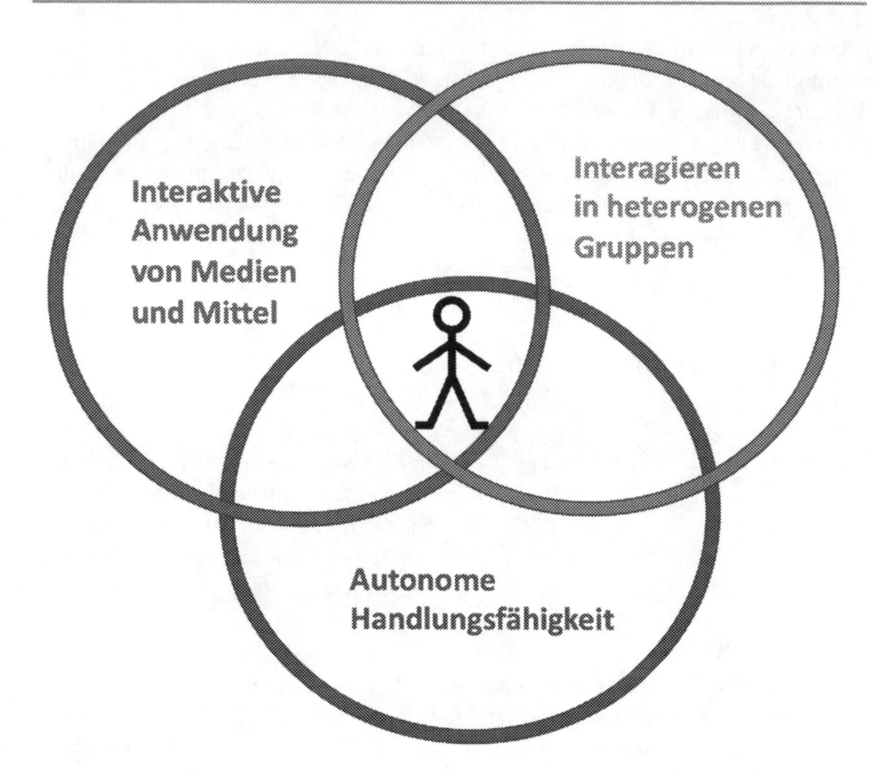

Abb. 3.3 Einteilung von Schlüsselkompetenzen der OECD. (In Anlehnung an OECD, 2005b)

Das interaktive Anwenden von Medien und Mitteln beinhalten drei Kompetenzen:

1. Interaktive Anwendung von Symbolen, Sprache und Texten
2. Interaktive Nutzung von Informationen und Wissen
3. Interaktive Anwendung von Technologien

Die Interaktion in heterogenen Gruppen wird in drei Kompetenzen aufgeteilt:

1. Unterhalt von guten und tragfähigen Beziehungen
2. Fähigkeit zur Zusammenarbeit
3. Bewältigung und Lösen von Konflikten

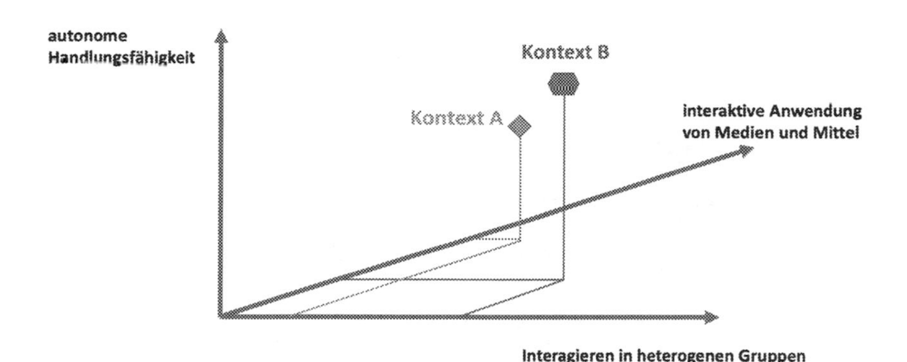

Abb. 3.4 Einzelne Sitation in den „Schlüsselkompetenzkoordianten". (Nach OECD 2005b)

Das eigenständige Handeln erfordert die folgenden Kompetenzen:

1. Handeln im größeren Kontext
2. Realisierung von Lebensplänen und persönlichen Projekten
3. Verteidigung und Wahrnehmung von Interessen, Grenzen, Rechten und Erfordernissen

Das Individuum soll alle Kompetenzen auf die anstehende Situation transformieren und dann gezielt einsetzen. Oder anders ausgedrückt: Jede Situation erfordert ein anderes Portfolio an Schlüsselkompetenzen, die zum Einsatz kommen (Abb. 3.4).

Mathematisch könnte man sagen, das man sich in einem dreidimensionaler Raum bewegt. Nimmt man die Unterpunkte hinzu, sind es neun Bereiche, die dann zu einem neundimensionalen Raum werden (und nicht mehr grafisch darstellbar sind).

3.2.3.2 EU

Die europäische Union schreibt in ihrem Weißbuch zur Zukunft Europas, dass Kinder, die mit den heutigen Lehrinhalten ausgebildet, später wahrscheinlich einen Beruf haben, den es heute in dieser Form noch gar nicht gibt und daher große Anstrengungen unternommen werden müssen, dass Kompetenzen für ein Lebenslanges Lernen entwickelt werden müssen (EU, 2017a). Ausgehend von diesem Statement haben die Mitgliedsstaaten 2017 in Rom sich verpflichtet, sich dieser Aufgabe zu widmen (EU, 2017b).

Unter Schlüsselkompetenzen versteht die EU Folgendes:

> „Kompetenzen sind hier definiert als eine Kombination aus Wissen, Fähigkeiten und kontextabhängigen Einstellungen. Schlüsselkompetenzen sind diejenigen Kompetenzen, die alle Menschen für ihre persönliche Entfaltung, soziale Integration, aktive Bürgerschaft und Beschäftigung benötigen. Am Ende ihrer Grund(aus)bildung sollten junge Menschen ihre Schlüsselkompetenzen so weit entwickelt haben, dass sie für ihr Erwachsenenleben gerüstet sind, und die Schlüsselkompetenzen sollten im Rahmen des lebenslangen Lernens weiterentwickelt, aufrechterhalten und aktualisiert werden." (EU, 2018)

Aufgrund dieser Grundlagen wird ein Schlüsselkompetenz-Kanon definiert, der dieser Forderung gerecht werden soll (EU, 2018). Es werden acht Schlüsselkompetenzbereiche unterschieden:

1. Muttersprachliche Kompetenz
2. Fremdsprachliche Kompetenz
3. Mathematische Kompetenz und grundlegende naturwissenschaftlich-technische Kompetenz
4. Computerkompetenz
5. Lernkompetenz
6. Soziale Kompetenz und Bürgerkompetenz
7. Eigeninitiative und unternehmerische Kompetenz
8. Kulturbewusstsein und kulturelle Ausdrucksfähigkeit

Die klassische Einteilung nach Richter wird hier durchbrochen. Es tauchen Schlüsselkompetenzen wie z. B. Problemlösungsstrategien, kritisches Denken, Kreativität, Entscheidungsfindung auf, die für jede dieser acht Kompetenzbereiche gelten. Auch ist eine Verflechtung der einzelnen Bereiche, da sie sich in der Entwicklung des einzelnen Menschen gegenseitig unterstützen oder ergänzen.

Jede Kompetenz wird genauestens definiert. Um die Übersichtlichkeit zu wahren, sind die Definitionen im Anhang aufgelistet, da sie eine wesentliche Zielrichtung der Entwicklung der Gesellschaft und somit auch des Schullebens darstellt (Manchmal erlebe ich, dass wir selbst in Deutschland weit entfernt sind, dass Teile der Bevölkerung die Kompetenzen nur ansatzweise beherrschen. Diese Aussage liest sich „hart", aber entspricht der Realität. Das sind die zukünftigen Verlierer in unserer Gesellschaft. Selbst muttersprachliche Kompetenz ist bei manchen Eltern so schwach ausgebildet, das die Schule dieses nicht kompensieren kann.).

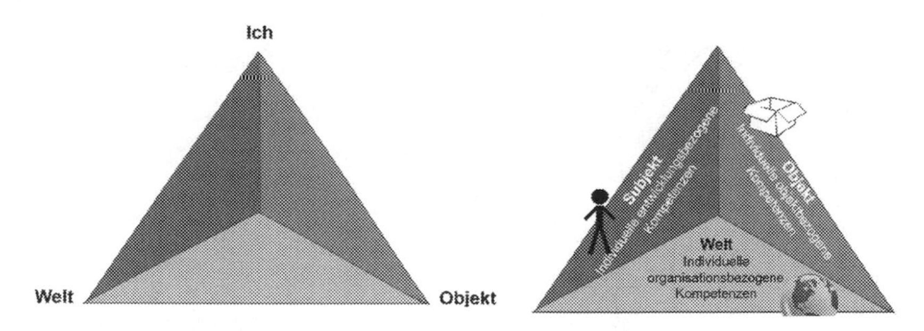

Abb. 3.5 Dreiecksbeziehung und Kompetenzfelder. (Ehlert, 2020)

3.2.3.3 Future Skills

Das Projekt, welches an der Dualen Hochschule Baden-Württembergs durchgeführt wurde, beschäftigt sich mit dem Thema Future Skills (Ehlers, 2020). Durch die Dynamik der sich veränderten Welt, müssen Schlüsselkompetenzen neu überdacht werden. Das Lernen der Zukunft – die Hochschule der Zukunft wird entscheidend die Menschen prägen. Die Situation wird in einem Dreiecksbeziehung (Abb. 3.5) aus Subjekt, Objekt und der Welt gesehen. In diesem Feld bewegen sich die Kompetenzen.

Daraus ergeben sich drei Kompetenzbereiche mit entsprechenden Kompetenzen:

1. Individuelle entwicklungsbezogene Kompetenzen (Subjekt)
2. Individuelle organisationsbezogene Kompetenzen (Welt)
3. Individuelle objektbezogene Kompetenzen (Objekt)

Diesen drei Kompetenzbereichen werden insgesamt 14 Kompetenzen zugeordnet (siehe Abb. 3.6):

Individuelle entwicklungsbezogene Kompetenzen

- Lernkompetenz
- Selbstwirksamkeit
- Ethische Kompetenz
- Selbstkompetenz
- Selbstbestimmheit
- Reflexionskompetenz

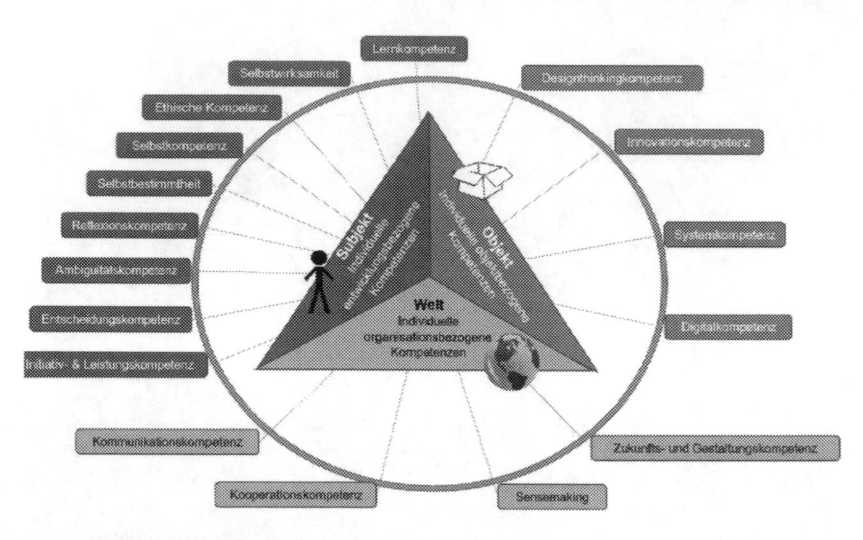

Abb. 3.6 Zuordnung der einzelnen Kompetenzen. (Ehlert, 2020)

- Entscheidungskompetenz
- Ambiguitätskompetenz
- Initiativ- und Leistungskompetenz

Individuelle organisationsbezogene Kompetenzen

- Kommunikationskompetenz
- Kooperationskompetenz
- Sensemarketing
- Zukunfts- und Gestaltungskompetenz

Individuelle objektbezogene Kompetenzen

- Designthinkingkompetenz
- Innovationskompetenz
- Systemkompetenz
- Digitalkompetenz

Die detaillierte Beschreibung der einzelnen Kompetenzen ist in dem Buch (Ehlers, 2000) beschrieben, welches als Open-Access jedem zu Verfügung steht (siehe

Literatur). (Dieses Buch ist sowohl in deutscher als auch in englischer Sprache vorhanden und kann zur Vertiefung empfohlen werden.) Wie man sieht, findet man etliche neue Kompetenzen verglichen mit den bisherigen Einteilungen, die in Zukunft an Bedeutung gewinnen werden.

Bei konkreten Handlungen wirken alle drei Dimensionen zusammen, um die Handlung in einer teileweise hoch komplexen oder emergenten Situation zum Erfolg zu führen. Dieses Zusammenwirken wird in einem sogenannten Triple-Helix-Konzept dargestellt (siehe Abb. 3.7).

In unsere heutigen, sich schnell veränderten Welt, sollte man mehr denn je das Set von Kompetenzen überprüfen und die Inhalte definieren.

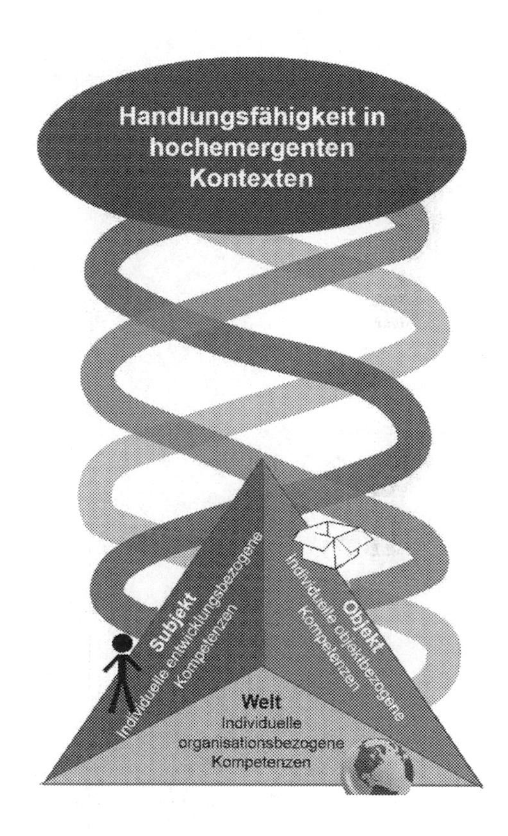

Abb. 3.7 Das Triple-Helix-Konzept. (Ehlert, 2020)

- Oft werden Schlüsselkompetenzen in drei Oberkategorien eingeteilt, die sich im Laufe der Zeit verändern, um der aktuellen Situation gerecht zu werden.

- Alle Experten sind sich einig, dass Schlüsselkompetenzen immer mehr der Schlüssel zum Erfolg des Individuums in Zukunft sein werden.

Im Folgenden werden zwei Tests beschrieben, wie man die Ausprägung von Schlüsselkompetenzen bei einer Person quantifizieren kann.

Tests für Schlüsselkompetenzen

4

Bei einem Test ist essentiell, dass die einzelnen (Sub-)Kompetenzen bei der Auswertung unterschieden werden können. Es ist sinnlos eine Diversifizierung vorzunehmen, die durch keinen Test bei einer Person bestimmt werden kann. Daher sind die Tests teilweise mit Vorsicht zu behandeln. Es sind etliche dieser Tests am Markt verfügbar. Hier werden zwei herausgegriffen, die es schon länger gibt und relativ gut ausgereift sind. Dazu sind Sie von wissenschaftlichen Institutionen erarbeitet worden.

4.1 Lernpass der Hochschule Bochum

Die Hochschule Bochum war einer der Vorreiter, damals noch Schlüsselqualifikationen genannt, in die Hochschule zu integrieren. Die ersten Überlegungen entstanden Ende der 90er-Jahre. Ziel war es, dem Studierenden seine individuellen Ausprägungen bzgl. Schlüsselkompetenzen an die Hand zu geben und dass er die Entwicklung in Laufe seines Studiums monitoren kann. Dazu wurde von der psychologischen Fakultät der Ruhr-Universität ein Test entwickelt.

Es wurde sich an die klassische Einteilung nach Richter orientiert und dann in den einzelnen Kategorien entsprechende Kompetenzen definiert, die für wichtig erachtet wurden. In Pretests wurde überprüft, ob bei allen Kompetenzen trennscharf die Ausprägung ermittelt werden kann. Letztendlich blieben 19 Kompetenzen übrig, wie auch in Abb. 4.3 und 4.4 gezeigt, bzw. in Tab. 4.1 dargestellt:

Die Definitionen dieser Kompetenzen sind im Anhang aufgelistet

E. Müller, *Einführung in das Thema Schlüsselkompetenzen,* essentials,
https://doi.org/10.1007/978-3-658-34565-5_4

Tab. 4.1 Die drei Kategorien der Schlüsselkompetenzen

Methodische Kompetenzen	Sozial/kommunikative Kompetenzen	Persönliche Kompetenzen
Arbeitstechniken	Teamfähigkeit, -orientierung	Selbstmanagement
Präsentationtechniken	Team-, Projektmanagement	Eigeninitiative/Gestaltungsmotivation
Moderation	Sensitivität	Zielorientierung
Problemlösen	Interkulturelle Sensibilität	Entscheidungsfähigkeit
Kreativitätstechniken	Überzeugungsfähigkeit	Selbstsicherheit
Zeitmanagement	Durchsetzungsfähigkeit	Stressbewältigung
Selbstmarketing		

Häufig wird Projektmanagement zu den methodischen Kompetenzen gezählt. Im Projektmanagement gibt es auch methodische Aspekte, aber die Kommunikation, Motivation und der Umgang mit den Beteiligten ist das Entscheidende für den Erfolg eines Projektes.

Um die Ausprägung dieser 19 Kompetenzen hinreichend genau zu beurteilen, werden ca. 100 Fragen gestellt, wobei die Antwort auf einer Skala von 1 bis 5 angegeben werden sollte. Dabei wird auf die Ehrlichkeit des Studierenden gesetzt, damit er ein realistisches Bild bekommt. Der sogenannte Kompetenzcheck soll nach vier und acht Semester wiederholt werden, um den persönlichen Fortschritt zu sehen. Flankierend dazu werden Kurse angeboten, um Schlüsselkompetenzen zu erwerben bzw. weiter zu entwickeln.

Um die individuelle Ausprägung der Schlüsselkompetenzen skalieren zu können, wurde der Test an über 300 Studierenden der Hochschule durchgeführt und dieses als mittlere Ausprägung (50 %) definiert. Dadurch ist ein Vergleich mit den Kommilitonen einfach zu sehen.

Der Studierende wird immer in seinem Studium einen Fortschritt in seinem Bereich der Schlüsselkompetenzen sehen. Ziel und Zweck ist es, einmal die Entwicklung zu beschleunigen aber auch die Schwächen und Stärken zu erkennen. Daraus kann dann jeder Studierende sein eigenes Portfolio an Kursen zusammenstellen, um seinen gewünschten Fortschritt einzuleiten und zu beschleunigen.

Dazu bekommt Studierende einen sogenannten Lernpass in die Hand, der sie über das Studium dann begleitet (Abb. 4.1 und 4.2).

Abb. 4.1 Lernpass der Hochschule Bochum. (Mit freundlicher Genehmigung der Hochschule Bochum)

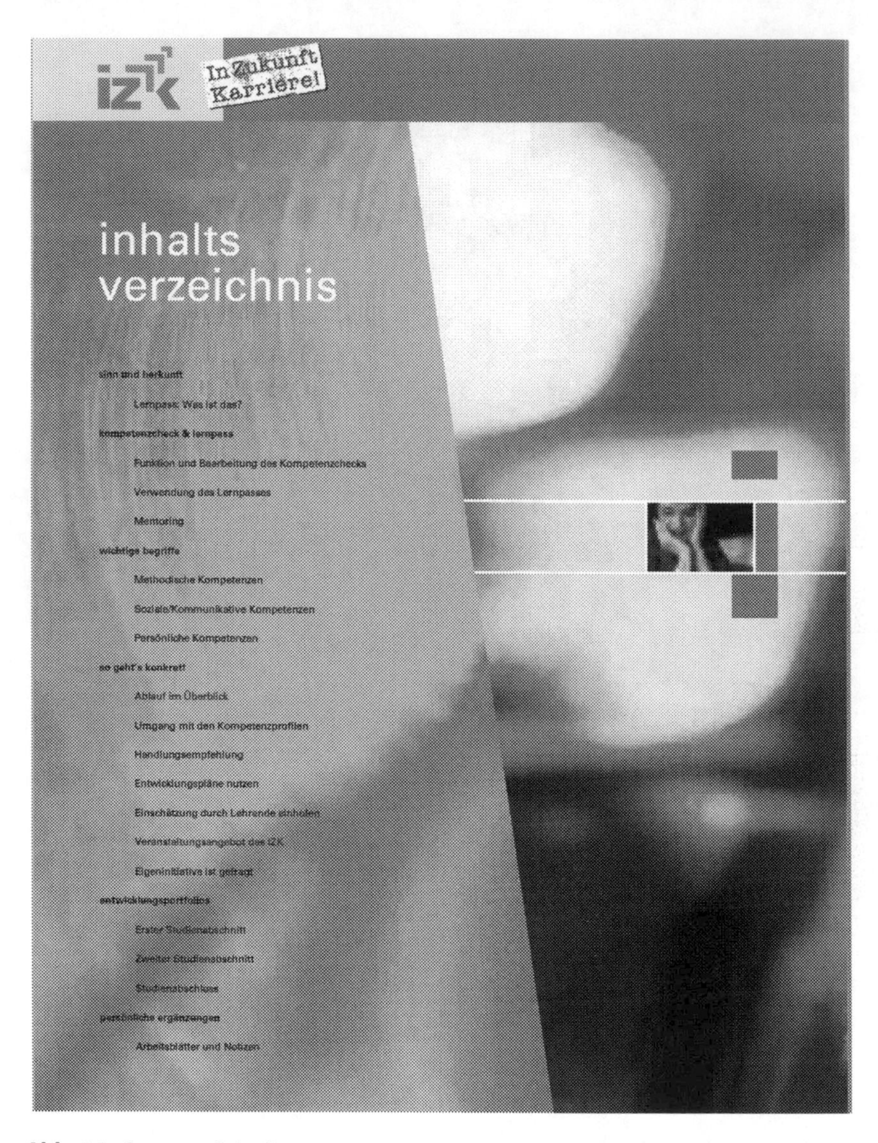

izk In Zukunft Karriere!

inhalts verzeichnis

sinn und herkunft

Lernpass: Was ist das?

kompetenzcheck & lernpass

Funktion und Bearbeitung des Kompetenzchecks

Verwendung des Lernpasses

Mentoring

wichtige begriffe

Methodische Kompetenzen

Soziale/Kommunikative Kompetenzen

Persönliche Kompetenzen

so geht's konkret

Ablauf im Überblick

Umgang mit den Kompetenzprofilen

Handlungsempfehlung

Entwicklungspläne nutzen

Einschätzung durch Lehrende einholen

Veranstaltungsangebot des IZK

Eigeninitiative ist gefragt

entwicklungsportfolios

Erster Studienabschnitt

Zweiter Studienabschnitt

Studienabschluss

persönliche ergänzungen

Arbeitsblätter und Notizen

Abb. 4.2 Lernpass Seite 2

Dem Studierenden werden die 19 Kompetenzen erklärt, damit er den Bezug zum späteren Angebot hat (Definitionen im Anhang; Abb. 4.3 und 4.4).

Dieses Konzept ist auch auf andere Gruppen übertragbar. Hier denke ich in erster Linie an Schüler. Der Test muss allerdings angepasst werden und eine neue Skala aufgesetzt werden. Wenn man die Ziele bzw. Forderungen der EU umsetzten will, darf man nicht erst im Alter von 20 Jahren anfangen. Dazu muss aber den Schulen der Freiraum eingeräumt werden, der heute durch Lehrpläne, die teilweise kreative Wege erfordern, die mit abgedeckt sind, um damit anzufangen. Des Weiteren muss auch dem einzelnen Lehrer die nötige Zeit gegeben werden. Es gibt sehr gute Ansätze, die aber meistens auf Eigeninitiative und Opfern von Freizeit nur funktionieren (Eggemeier, 2010).

Ein weiterer Test wird jetzt im Folgenden vorgestellt.

4.2 KODE®X-System

Die Grundlage für diesen Kompetenztest stammen von Heise und Erpenbeck. Sie unterscheiden die Kompetenzen in vier Bereiche, wobei die Fachkompetenz mit eingebunden wird:

I. Personale Kompetenzen (Learning to be)
II. Aktivitäts- und Handlungskompetenz (Learning to do)
III. Sozial-kommunikative Kompetenz (Learning to live together)
IV. Fach- und Methodenkompetenz (Learning to know)

Diese grundlegenden Kompetenzfelder werden im folgenden Text mit P, A, F, P bezeichnet und im Einzelnen als Dispositionen (Heyse, 2010) definiert:

„Personale Kompetenzen
sind die Dispositionen, reflexiv selbstorganisiert zu handeln, d. h. Selbsteinschätzungen vorzunehmen, produktive Einstellungen, Wertvorstellungen, Motive und Deutungen zu entwickeln, Motivationen und Leistungsvorsätze auf allen Ebenen zu entfalten und im Rahmen der Arbeit und anderer Tätigkeiten Kreativität zu entwickeln und zu lernen.

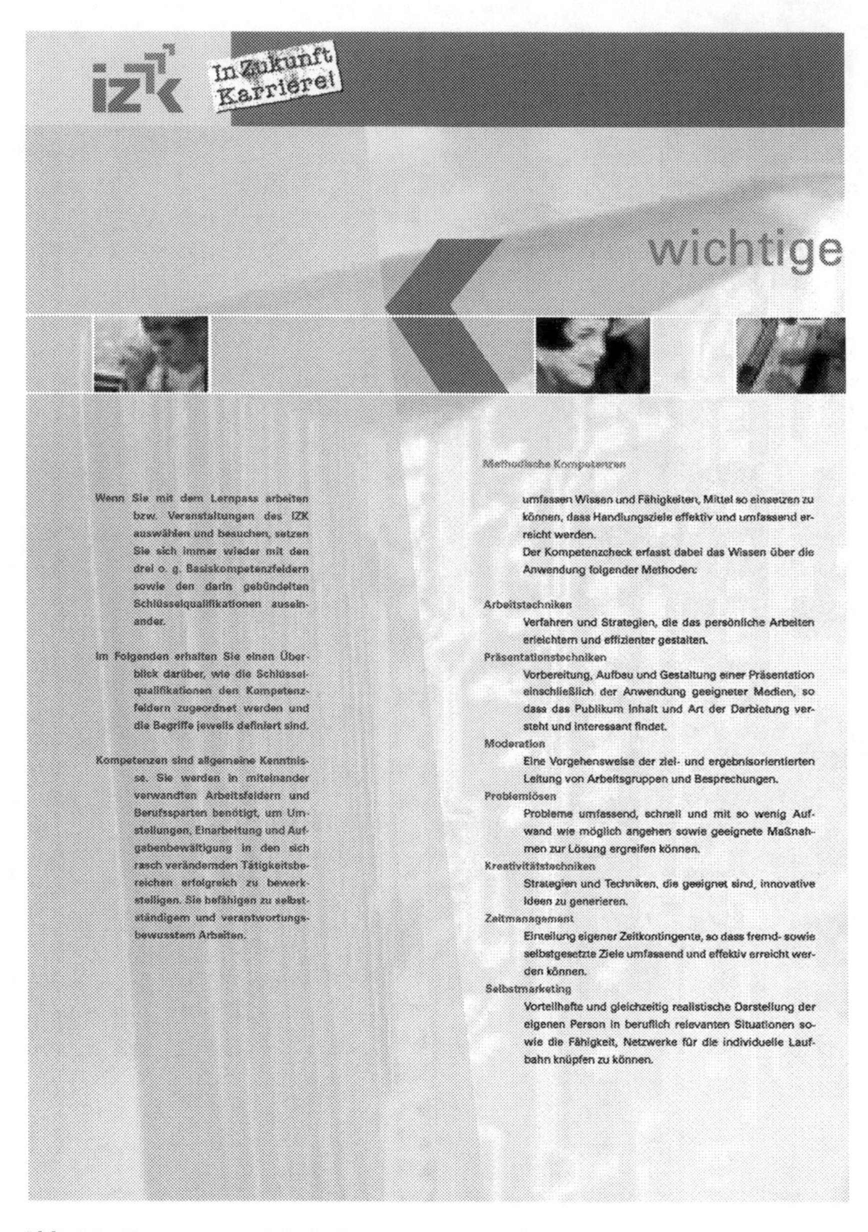

Wenn Sie mit dem Lernpass arbeiten bzw. Veranstaltungen des IZK auswählen und besuchen, setzen Sie sich immer wieder mit den drei o. g. Basiskompetenzfeldern sowie den darin gebündelten Schlüsselqualifikationen auseinander.

Im Folgenden erhalten Sie einen Überblick darüber, wie die Schlüsselqualifikationen den Kompetenzfeldern zugeordnet werden und die Begriffe jeweils definiert sind.

Kompetenzen sind allgemeine Kenntnisse. Sie werden in miteinander verwandten Arbeitsfeldern und Berufssparten benötigt, um Umstellungen, Einarbeitung und Aufgabenbewältigung in den sich rasch verändernden Tätigkeitsbereichen erfolgreich zu bewerkstelligen. Sie befähigen zu selbstständigem und verantwortungsbewusstem Arbeiten.

Methodische Kompetenzen

umfassen Wissen und Fähigkeiten, Mittel so einsetzen zu können, dass Handlungsziele effektiv und umfassend erreicht werden.
Der Kompetenzcheck erfasst dabei das Wissen über die Anwendung folgender Methoden:

Arbeitstechniken
Verfahren und Strategien, die das persönliche Arbeiten erleichtern und effizienter gestalten.
Präsentationstechniken
Vorbereitung, Aufbau und Gestaltung einer Präsentation einschließlich der Anwendung geeigneter Medien, so dass das Publikum Inhalt und Art der Darbietung versteht und interessant findet.
Moderation
Eine Vorgehensweise der ziel- und ergebnisorientierten Leitung von Arbeitsgruppen und Besprechungen.
Problemlösen
Probleme umfassend, schnell und mit so wenig Aufwand wie möglich angehen sowie geeignete Maßnahmen zur Lösung ergreifen können.
Kreativitätstechniken
Strategien und Techniken, die geeignet sind, innovative Ideen zu generieren.
Zeitmanagement
Einteilung eigener Zeitkontingente, so dass fremd- sowie selbstgesetzte Ziele umfassend und effektiv erreicht werden können.
Selbstmarketing
Vorteilhafte und gleichzeitig realistische Darstellung der eigenen Person in beruflich relevanten Situationen sowie die Fähigkeit, Netzwerke für die individuelle Laufbahn knüpfen zu können.

Abb. 4.3 Kompetenzportfolio im Lernpass methodische Kompetenzen

wichtige begriffe

begriffe

Soziale/Kommunikative Kompetenzen

umfassen jene Fähigkeiten, die dem Austausch von Informationen und der Verständigung dienen sowie dazu geeignet sind, soziale Beziehungen aufbauen, gestalten und erhalten zu können.
Der Kompetenzcheck erfasst folgende Fähigkeiten und Kenntnisse:

Teamfähigkeit/Teamorientierung
In Gruppen die eigene Rolle so finden zu können, dass man einen wertvollen Beitrag zum Ziel der Gruppe leisten kann.

Team-/ Projektmanagement
Projekte aufsetzen und (Projekt-)Teams leiten können.

Sensitivität
Offenheit für die Empfindungen und Bedürfnisse anderer Menschen sowie die Fähigkeit, angemessen auf diese reagieren zu können.

Interkulturelle Sensibilität
In einem fremden Kulturkreis agieren und sich trotz möglicher Hindernisse zurechtfinden können.

Überzeugungsfähigkeit
Die eigenen Pläne und Sichtweisen so darstellen können, dass andere Menschen sie verstehen, in gleicher Weise beurteilen, teilen und übernehmen.

Durchsetzungsfähigkeit
Eigene Ziele und Vorstellungen auch gegen den Widerstand anderer umsetzen können, überzeugend argumentieren sowie – auch bei Widerstand – nicht gleich nachzugeben.

Persönliche Kompetenzen

umfassen ein Set von grundlegenden persönlichen Fähigkeiten, die es ermöglichen, das eigene berufliche Leben aktiv selbst zu gestalten.
Der Kompetenzcheck bezieht sich auf folgende Fähigkeiten:

Selbstmanagement
Die eigenen Talente so einsetzen können, dass – aus persönlicher Sicht – erstrebenswerte Ziele gesetzt und erreicht werden. Der Prozess verlangt Bereitschaft zur Offenheit für neue Beobachtungen, Erfahrungen und Anregungen, so dass Lernen und Veränderung möglich sind.

Eigeninitiative/Gestaltungsmotivation
Aktivität aus eigenem Antrieb entfalten sowie die Motivation aufrechterhalten, Situationen und Prozesse selbst gestalten zu wollen.

Zielorientierung
Sich selbst auf ein Ziel ausrichten können sowie die Fähigkeit, immer wieder zu prüfen, ob der gewählte Weg zur Erreichung beiträgt oder eine andere Strategie eingesetzt werden muss.

Entscheidungsfähigkeit
Schnell und klar für sich festlegen können, was man möchte.

Selbstsicherheit
Ohne Befürchtungen und Ängste auftreten sowie Wünsche und Bedürfnisse klar äußern können.

Stressbewältigung
Mit unangenehmen Situationen so umgehen können, dass sie sich nicht negativ auf die eigene Befindlichkeit auswirken.

Abb. 4.4 Kompetenzportfolio im Lernpass sozial/kommunikative und persönliche Kompetenzen

Aktivitäts- und Handlungskompetenz
sind die Dispositionen, gesamtheitlich selbstorganisiert zu handeln, d. h. Initiativen und Umsetzungsanstrengungen von Individuen, Teams und Unternehmen/Organisationen zu aktivieren und in die Bewältigung von Vorhaben zu integrieren.

Sozial-kommunikative Kompetenz
sind die Dispositionen, kommunikativ und kooperativ selbstorganisiert zu handeln, d. h. sich als Individuum, Team oder Unternehmen/Organisation mit anderen kreativ auseinander- und zusammenzusetzen, sich beziehungsorientiert zu verhalten um gemeinsame neue Pläne und Ziele zu entwickeln.

Fach- und Methodenkompetenz
sind die Dispositionen, gedanklich – methodisch selbstorganisiert zu handeln, d. h. einerseits, mit fachlichen Kenntnissen und fachlichen Fertigkeiten kreativ Probleme zu lösen, das Wissen sinnorientiert einzuordnen und zu bewerten, andererseits Tätigkeiten, Aufgaben und Lösungen methodisch kreativ zu gestalten und von daher das gedankliche Vorgehen zu strukturieren."

Ausgehend von diesen vier Kompetenzfeldern würde der sogenannte Kode®-KompetenzAtlas entwickelt. In einer Matrix mit 16 gewichteten Ankerpunkten, die die Verknüpfung der einzelnen Kompetenzen darstellt, werden dann jeweils vier Fähigkeiten angebunden (Abb. 4.5).

Dieser KompetenzAtlas wurde durch Beobachtungen, Gesprächen und Interviews (auch in Unternehmen) und Literaturrecherchen extrahiert und in einem zweiten Schritt verfeinert. Letztendlich wurden die Ankerpunkte, wie schon oben erwähnt, mit vier unterschiedlichen Eigenschaften/Dispositionen belegt, sodass 64 einzelne Begriffsfelder entstehen. Diese sind nicht unbedingt trennscharf (Heyse, 2007).

Dazu wurde ein Kompetenzexplorer KODE®X entwickelt. Die Abkürzung steht für **K**ompetenz-**D**iagnostik und -**E**ntwicklung-E**x**plorer. Dieses Verfahren wird heute insbesondere im Zusammenhang mit der Weiterentwicklung von Unternehmen eingesetzt. Über mehrere Workshops wird das strategische Kompetenz-Profil des Unternehmens bzw. der beschäftigten Personen definiert. Durch anschließende Selbst- und Fremdeinschätzung wird dann das individuelle Profil erstellt.

Eine ausführlichere Überblicksbeschreibung des Tests ist in (Keim, 2009) bzw. in (Kode, 2020) zu finden.

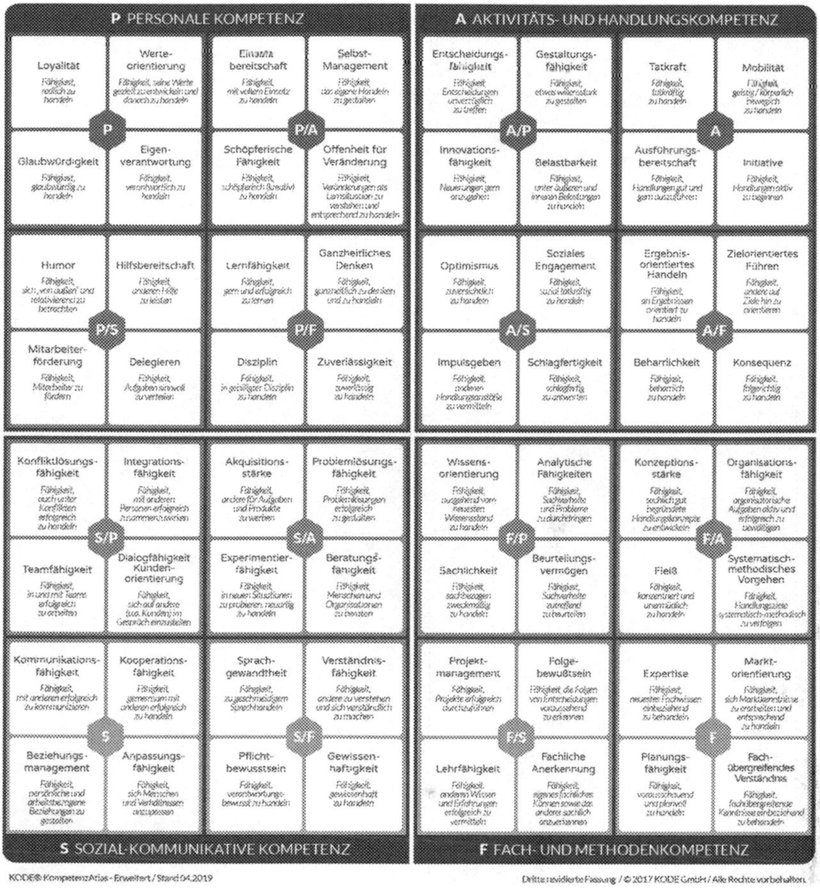
P PERSONALE KOMPETENZ
A AKTIVITÄTS- UND HANDLUNGSKOMPETENZ
Loyalität
Werte-orientierung
Einsatzbereitschaft
Selbst-Management
Entscheidungs-fähigkeit
Gestaltungs-fähigkeit
Tatkraft
Mobilität
P
P/A
A/P
A
Glaubwürdigkeit
Eigen-verantwortung
Schöpferische Fähigkeit
Offenheit für Veränderung
Innovations-fähigkeit
Belastbarkeit
Ausführungs-bereitschaft
Initiative
Humor
Hilfsbereitschaft
Lernfähigkeit
Ganzheitliches Denken
Optimismus
Soziales Engagement
Ergebnis-orientiertes Handeln
Zielorientiertes Führen
P/S
P/F
A/S
A/F
Mitarbeiter-förderung
Delegieren
Disziplin
Zuverlässigkeit
Impulsgeben
Schlagfertigkeit
Beharrlichkeit
Konsequenz
Konfliktlösungs-fähigkeit
Integrations-fähigkeit
Akquisitions-stärke
Problemlösungs-fähigkeit
Wissens-orientierung
Analytische Fähigkeiten
Konzeptions-stärke
Organisations-fähigkeit
S/P
S/A
F/P
F/A
Teamfähigkeit
Dialogfähigkeit Kunden-orientierung
Experimentier-fähigkeit
Beratungs-fähigkeit
Sachlichkeit
Beurteilungs-vermögen
Fleiß
Systematisch-methodisches Vorgehen
Kommunikations-fähigkeit
Kooperations-fähigkeit
Sprach-gewandtheit
Verständnis-fähigkeit
Projekt-management
Folge-bewußtsein
Expertise
Markt-orientierung
S
S/F
F/S
F
Beziehungs-management
Anpassungs-fähigkeit
Pflicht-bewusstsein
Gewissen-haftigkeit
Lehrfähigkeit
Fachliche Anerkennung
Planungs-fähigkeit
Fach-übergreifendes Verständnis
S SOZIAL-KOMMUNIKATIVE KOMPETENZ
F FACH- UND METHODENKOMPETENZ
KODE® KompetenzAtlas - Erweitert / Stand 04.2019
Dritte revidierte Fassung / © 2017 KODE GmbH / Alle Rechte vorbehalten.

Abb. 4.5 Kode®-KompetenzAtlas. (Mit freundlicher Genehmigung Kode GmbH, www.kodekonzept.de)

5 Prüfung von Schlüsselkompetenzen

Die typische Vorstellung von Prüfungen ist ein schriftlicher Test, Klausur, etc. Vielleicht wird auch noch eine mündliche Prüfung durchgeführt. Ein klassischer Test ist Multiple Choice, wie es aus der Führerscheinprüfung bekannt ist. Danach folgt aber die praktische Fahrprüfung, um das Erlernte in der Praxis zu beweisen. Was es mit diesen „Praxistests" auf sich hat, wird jetzt erläutert.

5.1 Allgemeines

Ausgehend von dem Kompetenzbegriff gibt es bei Schlüsselkompetenzen zwei Aspekte zur Prüfung dieser:

1. Da der wichtigste Aspekt bei Kompetenzen die Anwendung in einem komplexen Handlungszusammenhang ist, muss dieser in der Prüfung gegeben sein.
2. Da Schlüsselkompetenzen geprüft werden, sollten die Prüfungen eine gewisse Allgemeingültigkeit aufweisen

Daher müssen es sogenannte Performanz-Prüfungen sein, die vielfältig anwendbar sind. D. h. sie müssen eine realitätsnahe Situation mindestens simulieren oder in der Realität stattfinden. Die folgenden Beispiele sollen Anregungen geben, auch selbst für Ihre Situation Performance-Prüfungen zu entwickeln.

E. Müller, *Einführung in das Thema Schlüsselkompetenzen*, essentials,
https://doi.org/10.1007/978-3-658-34565-5_5

5.2 Beispiele für Performanz-Prüfungen

Ein Beispiel für eine Performanz-Prüfung wurde in den unteren Semestern einer Hochschule durchgeführt. Sie lässt sich auch leicht in den schulischen Kontext übertragen. Es werden mehrere Kompetenzen gleichzeitig geübt. Zum einen ist es das Selbstmarketing, Präsentationstechnik und in Ansätzen auch Teamentwicklung. Dazu wird folgende Situation geschaffen (Müller, 2019):

Der Dozent spielt die Rolle eines Headhunters und seine Mitarbeiter die weiteren Mitarbeiter des Headhunters. Dieses dient dazu Publikum zu schaffen. Die Studierenden haben bei dieser Gruppe ein Vorstellungsgespräch. Dem Headhunter liegt eine komplette Bewerbung mit Anschreiben und Lebenslauf vor (Selbstmarketing). Jetzt heißt es, sich durch eine Präsentation als bestens geeignet zu „verkaufen“. Teilweise sind die Studierenden aufgeregt, da sie noch nie vor Publikum vorgetragen haben. Durch die anschließenden Fragen, muss der Bewerber schnell und auch nachvollziehbar antworten.

Da dieses thematisch auf die entsprechende Vorlesung bezogen ist, bewerben sich die Studierenden nicht als eigene Person, sondern als große Persönlichkeit (auch posthum) aus diesem Fach. So wäre dieses, bezogen auf die Physik, z. B. Isaac Newton, Max Plank, Steve Hawkins, Madame Curie, etc. Bezieht man die Persönlichkeiten auf die Informatik, wären dieses häufig jedermann sehr geläufige Namen: Steve Jobs, Bill Gates, Konrad Zuse, Tim Bernes-Lee (Erfinder von HTML und des world wide webs (www.), ……. Ist die Gesamtheit der Studierenden größer, dann wird dieses in der Gruppe vorbereitet und vorgetragen. Dadurch kann auch noch Teamfähigkeit geübt werden.

Eine weitere Performanzprüfung, die auch gerne in Accessment-Center angewandt wird, ist die sogenannte Postkorb-Übung. Hierbei sind ganz viele unterschiedliche Situationen denkbar. Ein Szenario wäre: Die Kandidaten erhalten eine komplexe Aufgabe mit Beschränkungen und Auflagen, die sie in einer gewissen Zeit lösen müssen. Die Zeit ist so bemessen, dass es unmöglich ist, die gesamte Aufgabe in der vorgegebenen Zeit zu lösen. Zudem erschweren widersprüchliche und sich teilweise überschneidende Bedingungen, Telefonate oder Zwischenrufe die Bearbeitung der Aufgaben. Oft werden auch private und berufliche Aufgaben gemischt. Die Kandidaten befinden sich in einer stressigen Situation und müssen sich unter Zeitdruck einen Überblick verschaffen, Prioritäten setzen, auswählen bzw. sortieren und die Aufgaben abarbeiten.

Eine schöne Übung ist auch das Mind-Mapping. Es wurde von Tony Buzan entwickelt. Es soll durch das Ansprechen beider Gehirnhälften Synergien erzeugt werden. (Zur Erklärung des Gehirns ein paar Sätze: Das menschliche Gehirn hat

„Arbeitsteilung". In der linken Gehirnhälfte werden mehr die abstrakten Informationen verarbeitet, in der rechten Hälfte die bildhaften. Wird nur eine Gehirnhälfte beansprucht, so empfindet dieses der Mensch als eine nicht motivierende Tätigkeit. Ein typisches Beispiel ist (Latein-)vokabeln Lernen. Hier „spielt sich die rechte Gehirnhälfte an den Füßen".) Ein sehr schönes Beispiel, um Chinesisch zu lernen, wird in dem Buch und App (Hsueh, 2020), gezeigt. Hier werden die chinesischen Schriftzeichen mit Bildern kombiniert (Abb. 5.1).

Abb. 5.1 Kombination von Buchstaben und Bildern. (mit freundlicher Genehmigung Chineasy by ShaoLan © 2020 Chineasy Ltd)

Abb. 5.1 (Fortsetzung)

Eine ausführlichere Beschreibung der Mind-Mapping-Methode findet man z. B. in (Brunner, 2008). Im Folgenden sind zwei Mindmaps gezeigt (entnommen Golle, 2011), die die Vorteile und Einsatzmöglichkeiten zeigen (Abb. 5.2 und 5.3).

Jetzt heißt es, eine reale Umgebung zu schaffen. Hier könnte folgendes Szenario aufgebaut werden:

In einer realen Umgebung (betriebliche Arbeitsgruppe, extern geleiteter Strategieworkshop, etc.) wird der Prüfling mit eingesetzt. Wenn es geht, sogar als stellvertretender Moderator. Möglichst externe Mitglieder, z. B. die Person von

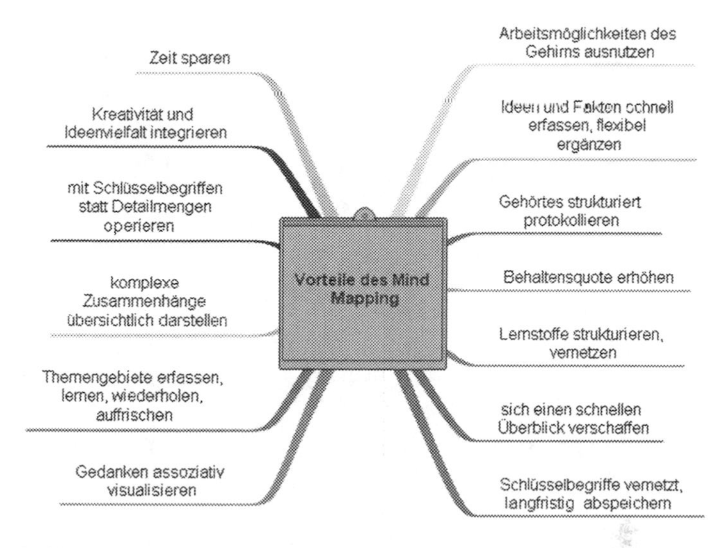

Abb. 5.2 Vorteile von Mind-Mapping

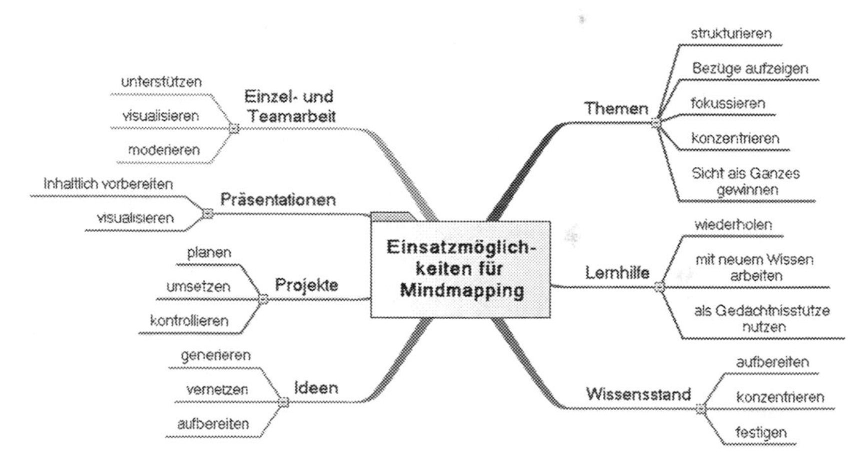

Abb. 5.3 Einsatzmöglichkeiten von Mind-Mapping

dem Consulting-Unternehmen fungieren auch als Beurteiler. Durch die Rolle als stellvertretender Moderator wird „geistiger Stress“ erzeugt, der auch noch bewältigt werden muss. Gleichzeitig kann noch Moderation geübt werden, welches nur durch Praxis erlangt werden kann. Bei Moderation kann man nach Konfuzius sagen: „Der Weg ist das Ziel.“ Die gleiche Situation ist auch in Bildungsinstitutionen erzeugbar.

Einige Schlüsselkompetenzen (z. B. Präsentieren, Moderieren) sind leicht zu prüfen. Andere brauchen Wochen und sind schwer durch eine „künstliche“ Situation zu prüfen. Ein Arbeitsgeber macht eine Performance-Prüfung durch die Probezeit. Man kann diese Zeit auch aus dieser Perspektive sehen, da Schlüsselkompetenzen per Definition auch entscheidend für den beruflichen Erfolg sind. Hier seien nur als Beispiele Zeitmanagement, Stressbewältigung genannt.

- Schlüsselkompetenzen können nur durch Performanz-Prüfungen abgeprüft werden.

6 Aktuelle Entwicklungen zur Erweiterung des Schlüsselkompetenz-Portfolio

Seit ca. 2006 spricht Hannelore Küpers auch von Schlüsselbildung (Müller, 2010). Ausgehend vom Humboldtschen Bildungsbegriff soll der Geist durch Schlüsselkompetenzen dazu befähigt werden, das eigene Leben im Zusammenhang mit der zukünftigen globalisierten Welt zu verstehen.

Der Humboldtschen Bildungsbegriff „ist eine weitere Ausprägung des organologischen Bildungsbegiffs. Die Entwicklung zum „humanen" Menschen soll durch „gelehrte Bildung" erfolgen. Durch Auseinandersetzung mit alten Sprachen, Literaturen und Kulturen (Latein und besonders Griechisch) soll der Geist dazu befähigt werden, das eigene Leben und die eigene Welt zu verstehen. Ziel dieser Bildung sind Freiheit des Geistes, Weltoffenheit und Individualität." (Mayr, 2004).

Hannelore Küpers hatte in diese Richtung ein Zusatzprogramm im Institut für Zukunftsorientierte Kompetenzentwicklung an der Hochschule Bochum entwickelt (Müller, 2009). Es wurde eine Landkarte für Intercultural Management Education (genannt „Come in") entwickelt (siehe Abb. 6.1).

Bei dieser Landkarte sieht man viele Stationen, die sich auf ganz „normale" Themen beziehen, aber mit interkulturellen Aspekten durchzogen sind und dann zu einer integrativen Veranstaltung mit Schlüsselkompetenzen werden. Alle Themenstränge enden in einer Veranstaltung, die im Humbodtschen Sinne mit dem Thema Eigenverantwortung und Weltoffenheit abschließt.

Eine praktische Umsetzung sieht man in Abb. 6.2. Nach zwei Kursen als Vorbereitung (Intercultural Training und Communication) wird der Studierende für ein Semester ins Ausland geschickt (International Studies). Hier soll er in „praktischer" Umgebung weiter Erfahrungen sammeln und erlernen. Dieses kann an einer ausländischen Universität sein, die „abroad" liegt, wie auch andere (Bildungs-)Institutionen, wo durch die praktische Tätigkeit gelernt wird. Sehr gut

E. Müller, *Einführung in das Thema Schlüsselkompetenzen*, essentials,
https://doi.org/10.1007/978-3-658-34565-5_6

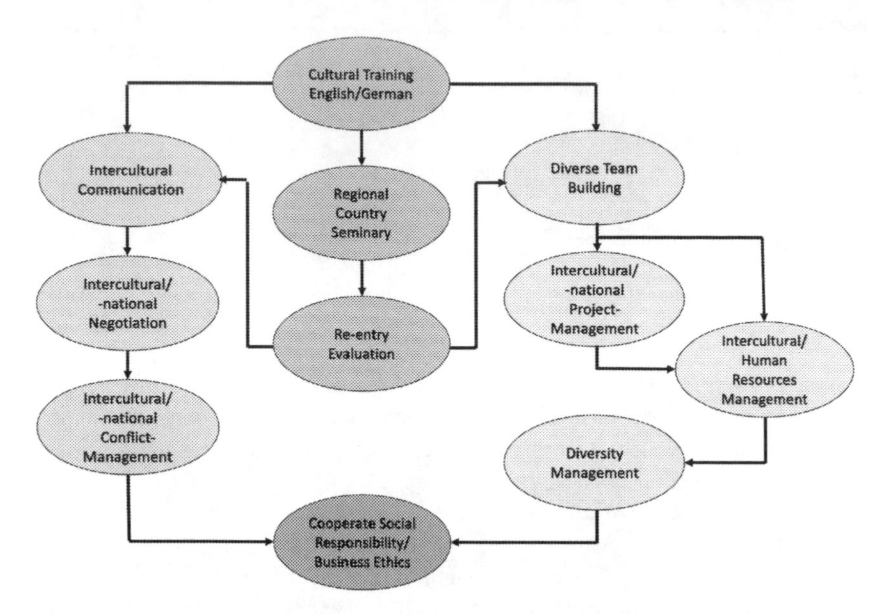

Abb. 6.1 Landkarte für Intercultural Management Education

eigenen sich Schwellenländer, um den Geist in Richtung Freiheit zu fördern. Die nachfolgenden Kurse dienen mit interkulturellen Aspekten dazu, dem Ingenieur breiteres Wissen mitzugeben. Parallel dazu liegen Sprachkurse, die sich auf weitere Weltsprechen außer Englisch (Chinesisch, Spanisch,...) konzentrieren. Nach erfolgreichem Durchlaufen des Programms erhält der Ingenieur, egal welcher Fachrichtungm die Zusatzqualifikation ‚Certified Intercultural Engineer'.

Ein weiter Ansatz zur Ergänzung zum Fachstudium wurde auch von Jasmin Mahadevan das sogenannte Intercultural Engineering entwickelt (Mahadevan, 2012; Mahadevan, 2014). Hier ist es ein Pflichtfach (!) beim Studiengang Wirtschaftsingenieur der Hochschule Pforzheim.

Dieses ist die Entwicklung bis zum heutigen Zeitpunkt (2021). In den nachfolgenden beiden Kapiteln werden weitere, meiner Meinung nach, längst überfällige Erweiterungen/Szenarien näher erläutert.

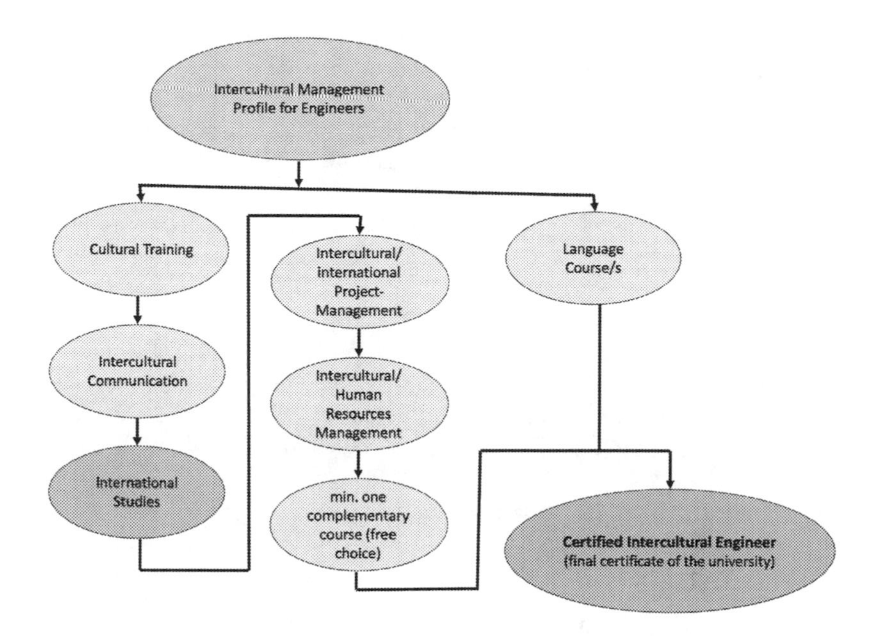

Abb. 6.2 Veranstaltungsablauf zum Zertifikat eines Certified Intercultural Engineers

6.1 ICT

Mehrere Behörden oder staatliche Organe fassen Informations- und Kommunikations-Technologie (Information- and Communication Technologie = ICT) schon länger als nötigen Wissensbestandteil der Gesellschaft ins Auge. Die OECD erwähnt schon 2005, dass „practical IT-skills" als Kompetenz zu jedem Einwohner gehören (OECD, 2005a). Die EU geht 2006 noch einen Schritt weiter und definiert Information Society Technology (IST), in welcher die ICT das Fundament bildet (EU, 2006). Unter IST sind alle Kompetenzen gefasst, die mit dem Handling und Interpretation von digitalen Daten und Informationen zu tun haben. Hierzu gehören auch „critical and reflective attitudes and responsible use" (EU, 2006). Was heute noch zusätzlich eine wichtige Rolle spielt, sind ethische Aspekte. Es werden zukünftig mehr mit künstlicher Intelligenz ausgestattete Roboter geben, die z. B. auch in der Pflege von älteren Menschen unterstützend eingesetzt werden können. Hier ist die Frage, inwieweit überhaupt aktive Sterbehilfe des Roboters verhindert werden kann. Durch geschickte Formulierung eines Befehls kann der Roboter fast immer dazu aufgefordert werden, Hilfe zu leisten. Christina Dröge bringt 2012 in ihrer Promotion informatorische Kompetenzen in die Schlüsselkompetenzen ein, wobei sie Ausführungen bis in die 90er Jahre zurückverfolgt, wo Schlüsselkompetenzen noch keine größere Bedeutung zugmessen wurde (Dröge, 2012).

Eine gute Darstellung über ICT-Kompetenzen zeigt Ala-Mutka (Ala-Mutka, 2011), in welcher der komplexe Zusammenhang für die Zukunft der ICTs zu sehen sind (Abb. 6.3).

Immer mehr rückt die Lehrerausbildung in den Fokus. Dem Lehrer kommt eine Schlüsselrolle zu (UNESCO, 2011). Die UNESCO sieht ab der Grundschule, dass ICT-Kompetenzen implementiert werden sollen, um Lehrer die Möglichkeiten zu geben, einen „modernen" Unterricht zu gestalten. Es werden sechs Bereiche unterschieden, die mit ICT durchzogen werden sollten:

1. Verstehen von ICT in der Ausbildung/Erziehung
2. Curriculum und Beurteilung
3. Pädagogik

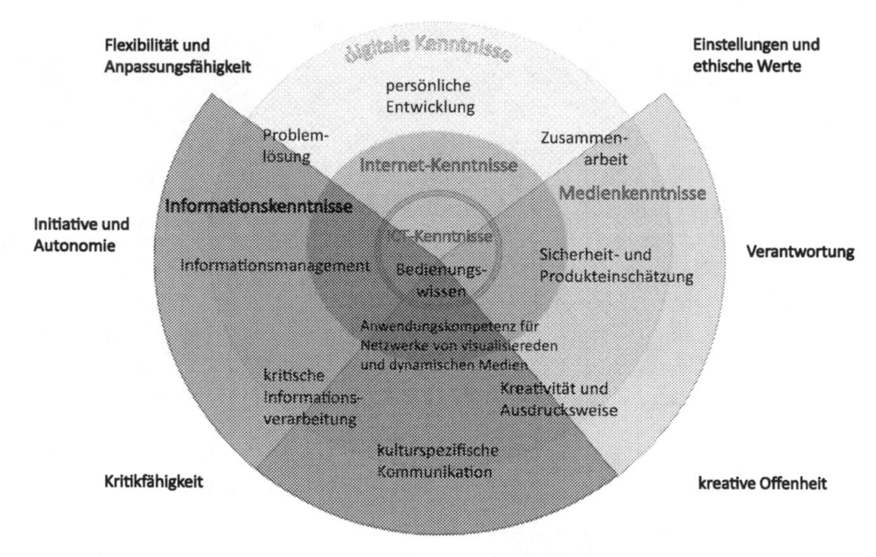

Abb. 6.3 Zusammenhänge der ICT-Aspekte (angelehnt an (Ala-Mutka, 2011) und modifiziert)

4. ICT
5. Organisation und Administration
6. Professionelles Lernen der Lehrer

Dieses sind auch die verschiedenen Stufen für den Gebrauch von ICT. Diese Schlüsselrolle wird z. B. in der Veröffentlichung von Hildago et. al. (Hidalgo, 2020) unterstrichen. Lehrer sollen für sich ICT nutzen, wie auch die Schüler/Studenten darin animieren und unterstützen.

Im Lehrerausbildungsgesetz des Landes NRW wird in §10 ICT als sich weiterentwickelnde Kompetenz explizit erwähnt. Auch in dem Projekt Future Skills wird diese Kompetenz gefordert. Es ist längst überfällig, diese massiv in der Gesellschaft auszubauen.

▶ ICT wird eine Schlüsseltechnologie und somit auch eine Schlüsselkompetenz der Zukunft sein!

6.2 Nachhaltigkeit

Nachhaltigkeit ist heute aktueller denn je. Häufig spricht man auch von Nachhaltiger Entwicklung, da es ein dynamischer Prozess ist, weil es einer stetigen Weiterentwicklung aufgrund neuer Szenarien und Erkenntnisse bedarf. Die Brundtland-Kommission formulierte 1987 die Definition zur Nachhaltigen Entwicklung (sustainability), die auch heute noch sehr häufig verwendet wird: „Sustainable development is development that meets the needs of the present without compromising the ability of future generations to meet their own needs." (WCED, 1987) oder sinn gemäß übersetzt: Nachhaltige Entwicklung ist eine Entwicklung, die die Bedürfnisse der Gegenwart erfüllt, im Hinblick, dass künftige Generationen ihre eigenen Bedürfnisse ohne Kompromisse befriedigen können. Die Definition zeigt, dass es sich um eine komplexe gesellschaftliche Verantwortung handelt. Die EU ruft schon 2006 zum Respekt für Nachhaltigkeit innerhalb der Ausführungen von Schlüsselkompetenzen zum Lebenslangen Lernens auf (EU, 2006). 2018 wird das Verhältnis der Bevölkerung zur Nachhaltigkeit verstärkt betont (EU, 2018).

Nachhaltige Entwicklung hat heute etliche Unterkategorien. Man kann sie unter der technischen, der ökonomischen, der sozialen und ökologischen Brille betrachten, wobei alle gleichberechtigt nebeneinanderstehen und auch ineinandergreifen.

Sieht man sich Nachhaltige Entwicklung im Gesamtkontext aller Lebensbereiche an, so rückt sie immer mehr ins Bewusstsein, wie es auch die Brundtland-Kommission gefordert hat. Was aber immer als Diskussion auftritt, ist die Frage, wie weit darf nachhaltige Entwicklung gehen, ohne die Wirtschaft oder Arbeitsplätze zu gefährden. Die Gefahr ist immer, dass die Arbeitsplätze in Länder verlegt werden, wo Umweltschutz eine geringere oder gar keine Rolle spielt.

> Nachhaltige Entwicklung ist auch eine zukunftsweisende Schlüsselkompetenz!

6.3 Operational Excellence

In diesem Kapitel wird ein Denkanstoß gegeben, der in Verbindung mit der ökonomischen Weiterentwicklung von Unternehmen steht. Jedes Unternehmen will seine Performance optimierten, was unter dem Begriff Operational Excellence, abgekürzt OPEX subsummiert wird (genaue Definition, siehe Müller, 2021). D. h. OPEX und Nachhaltigkeit sind im ersten Moment als antagonistisch zu betrachten. Der Preis eines Produktes oder auch einer Dienstleistung entscheidet über das Verkaufsvolumen. Also entscheidet der Markt, welcher letztendlich durch den Käufer oder Kunden dargestellt wird. Ist dieser bereit mehr zu bezahlen, um Umweltweltschutz oder allgemeiner Nachhaltigkeit zu verbessern. Die Bereitschaft, ggf. mehr zu bezahlen, muss sich als „innere Haltung“ etablieren. Dem gegenüber steht die wirtschaftliche Situation jedes Einzelnen, der manchmal kaum in der Lage ist, diesen Umstand gerecht zu werden.

Vielleicht könnte man diesen Antagonismus mit einem sinnvollen Zusammenspiel als GREEN OPEX auflösen. Die Optimierung in dieser Weise gestalten, dass es beiden Aspekten gerecht wird und nicht zu einer signifikanten Preiserhöhung am Markt führt. Da dieser Umstand in Zukunft auch unter dem Aspekt der Nachhaltigkeit eine größere gesellschaftliche Rolle spielen wird, könnte man diesem Gebiet auch den „Rang“ einer Schlüsselkompetenz einräumen (Müller, 2020). Eine Arbeitsumgebung, die den Einzelnen fördert, wäre hier auch zu bedenken.

Auch Unternehmensberatungen, wie BCG, denken über diese Aspekte nach (Young, 2020).

All diese Gedanken über OPEX sind auch auf staatliche Strukturen übertragbar, wo noch riesige Potenziale brach liegen (Kinkel, 2020) (Abb. 6.4).

Abb. 6.4 Balance zwischen OPEX und Nachhaltigkeit

7 Zusammenfassung

Die schnellen gesellschaftlichen Veränderungen im 21. Jahrhundert, die vor mehr als 40 Jahren schon eingeläutet wurden, stellen Menschen teilweise vor große Herausforderungen, um sich neuen Situationen stellen zu können. Hierzu ist ein Set an Grundkompetenzen sogenannten Schlüsselkompetenzen, wie sie die EU fordert, nötig. Durch neue Erfindungen und Entwicklungen ist auch die Arbeitswelt in einem stetigen Wandel, der teilweise disrupt stattfindet. Um mit dem Wandel mithalten zu können, sind auch Kompetenzen notwendig, die als Erweiterung des Sets an Grundkompetenzen, also Schlüsselkompetenzen anzusehen ist, welches auch schon ansatzweise in den 90er Jahren differenziert wurde. Von dem zuerst geprägten Begriff Schlüsselqualifikationen ist man zu dem Begriff der Schlüsselkompetenz gekommen, da die Anwendung in komplexen Zusammenhängen, die als Situation immer als Zusammenspiel vieler Einflussfaktoren entsteht, den entscheidenden Erfolg bringt.

Ich kann Sie, als Leser, nur ermutigen, sich diesen Zusammenhängen bei Ihrer „Reise" in die Zukunft bewusst zu sein oder zu werden. Das Beherrschen von Schlüsselkompetenzen ist eine Investition in die Zukunft jeder einzelnen Person. Lassen Sie uns mit einem Zitat (Autor unbekannt) schließen, welches heute mehr denn je gilt:

E. Müller, *Einführung in das Thema Schlüsselkompetenzen,* essentials,
https://doi.org/10.1007/978-3-658-34565-5_7

„Zukunft ist etwas, das meistens schon ist, bevor man damit rechnet“

Anhang 8

8.1 Definitionen der einzelnen Schlüsselkompetenzen im Zusammenhang mit LLL in der EU

Die folgenden Definitionen sind dem Vorschlag für eine Empfehlung des europäischen Parlaments und des Rates zu Schlüsselkompetenzen für lebenslanges Lernen (EU, 2018). Die Definitionen werden dort durch eine Erläuterung, welche wesentliche Kenntnisse, Fähigkeiten und Einstellungen in Bezug auf diese Kompetenz noch ergänzt, welche aber hier aufgrund des begrenzten Umfangs dieses Buches nicht näher betrachtet werden.

Die Definitionen im Einzelnen

Muttersprachliche Kompetenz:
„Muttersprachliche Kompetenz ist die Fähigkeit, Gedanken, Gefühle und Tatsachen sowohl mündlich als auch schriftlich (Hören, Sprechen, Lesen und Schreiben) ausdrücken und interpretieren zu können und sprachlich angemessen in allen gesellschaftlichen und kulturellen Kontexten – Bildung, Berufsbildung, Arbeit, Zuhause und Freizeit – darauf zu reagieren."

Fremdsprachliche Kompetenz:
„Die fremdsprachliche Kompetenz erfordert im Großen und Ganzen dieselben Fähigkeiten wie die muttersprachliche Kompetenz: Sie basiert auf der Fähigkeit, Gedanken, Gefühle und Tatsachen sowohl mündlich als auch schriftlich (Hören, Sprechen, Lesen und Schreiben) in einer angemessenen Zahl gesellschaftlicher Kontexte – Bildung, Berufsbildung, Arbeit, Zuhause und Freizeit – entsprechend

E. Müller, *Einführung in das Thema Schlüsselkompetenzen,* essentials,
https://doi.org/10.1007/978-3-658-34565-5_8

den eigenen Wünschen oder Bedürfnissen ausdrücken und interpretieren zu können. Fremdsprachliche Kompetenz erfordert außerdem Fähigkeiten wie Vermittlungsfähigkeit und interkulturelles Verstehen. Der Grad der Beherrschung einer Fremdsprache variiert innerhalb dieser vier Dimensionen, der Fremdsprachen und des Hintergrundes, des Kontexts sowie innerhalb der Bedürfnisse/Interessen."

Mathematische Kompetenz und grundlegende naturwissenschaftlich-technische Kompetenz:
„A. Mathematische Kompetenz ist die Fähigkeit, Addition, Subtraktion, Multiplikation, Division und Bruchrechnen sowohl im Kopf als auch bei schriftlichen Berechnungen anzuwenden, um Probleme in Alltagssituationen zu lösen. Der Schwerpunkt liegt sowohl auf Verfahren und Aktivität als auch auf Wissen. Mathematische Kompetenz beinhaltet – in unterschiedlichem Maße – die Fähigkeit und Bereitschaft, mathematische Denkarten (logisches und räumliches Denken) und Darstellungen (Formeln, Modelle, Konstruktionen, Kurven/Tabellen) zu benutzen.

B. Naturwissenschaftliche Kompetenz ist die Fähigkeit und Bereitschaft, die natürliche Welt anhand des vorhandenen Wissens und bestimmter Methoden zu erklären, um Fragen zu stellen und evidenzbasierte Schlussfolgerungen zu ziehen. Technische Kompetenz ist die Anwendung dieses Wissens und dieser Methoden, um Antworten auf festgestellte menschliche Wünsche oder Bedürfnisse zu finden. Beide Kompetenzbereiche erfordern das Verstehen von durch menschliche Tätigkeiten ausgelösten Veränderungen und Verantwortungsbewusstsein als Bürger."

Computerkompetenz:
„Computerkompetenz umfasst die sichere und kritische Anwendung der Technologien für die Informationsgesellschaft (TIG) für Arbeit, Freizeit und Kommunikation. Sie wird unterstützt durch Grundkenntnisse der Informations- und Kommunikationstechnologien (IKT): Benutzung von Computern, um Informationen abzufragen, zu bewerten, zu speichern, zu produzieren, zu präsentieren und auszutauschen, über Internet zu kommunizieren und an Kooperationsnetzen teilzunehmen."

Lernkompetenz:
„Lernkompetenz – „Lernen lernen" – ist die Fähigkeit, einen Lernprozess zu beginnen und weiterzuführen. Der Einzelne sollte in der Lage sein, sein eigenes

Lernen zu organisieren, auch durch effizientes Zeit- und Informationsmanagement, sowohl alleine als auch in der Gruppe. Lernkompetenz beinhaltet das Bewusstsein für den eigenen Lernprozess und die eigenen Lernbedürfnisse, das Feststellen des vorhandenen Lernangebots und die Fähigkeit, Hindernisse zu überwinden, um erfolgreich zu lernen. Lernkompetenz bedeutet, neue Kenntnisse und Fähigkeiten zu erwerben, zu verarbeiten und aufzunehmen sowie Beratung zu suchen und in Anspruch zu nehmen. Lernkompetenz veranlasst den Lernenden, auf früheren Lern- und Lebenserfahrungen aufzubauen, um Kenntnisse und Fähigkeiten in einer Vielzahl von Kontexten – zu Hause, bei der Arbeit, in Bildung und Berufsbildung – zu nutzen und anzuwenden. Motivation und Selbstvertrauen sind für die Kompetenz des Einzelnen von entscheidender Bedeutung."

Soziale Kompetenz und Bürgerkompetenz:
„Diese Kompetenzen betreffen alle Formen von Verhalten, die Personen ermöglichen, in effizienter und konstruktiver Weise am gesellschaftlichen und beruflichen Leben teilzuhaben, insbesondere in zunehmend heterogenen Gesellschaften, und gegebenenfalls Konflikte zu lösen. Bürgerkompetenz rüstet den Einzelnen dafür, umfassend am staatsbürgerlichen Leben teilzunehmen, ausgehend von der Kenntnis der gesellschaftlichen und politischen Konzepte und Strukturen und der Verpflichtung zu einer aktiven und demokratischen Beteiligung."

Eigeninitiative und unternehmerische Kompetenz:
„Unternehmerische Kompetenz ist die Fähigkeit, Ideen in die Tat umzusetzen. Dies erfordert Kreativität, Innovation und Risikobereitschaft sowie die Fähigkeit, Projekte zu planen und durchzuführen, um bestimmte Ziele zu erreichen. Unternehmerische Kompetenz hilft dem Einzelnen in seinem täglichen Leben zu Hause oder in der Gesellschaft, ermöglicht Arbeitnehmern, ihr Arbeitsumfeld bewusst wahrzunehmen und Chancen zu ergreifen. Sie ist die Grundlage für die besonderen Fähigkeiten und Kenntnisse, die Unternehmer benötigen, um eine gesellschaftliche oder gewerbliche Tätigkeit zu begründen."

Kulturbewusstsein und kulturelle Ausdrucksfähigkeit:
„Anerkennung der Bedeutung des künstlerischen Ausdrucks von Ideen, Erfahrungen und Gefühlen durch verschiedene Medien, wie Musik, darstellende Künste, Literatur und visuelle Künste."

8.2 Definitionen der Einzelkompetenzen des Lernpasses

Methodische Kompetenzen

Arbeitstechniken
Verfahren und Strategien, die das persönliche Arbeiten erleichtern und effizienter gestalten.

Präsentationstechniken
Vorbereitung, Aufbau und Gestaltung einer Präsentation einschließlich der Anwendung geeigneter Medien, so dass das Publikum Inhalt und Art der Darbietung versteht und interessant findet.

Moderation
Eine Vorgehensweise der ziel- und ergebnisorientierten Leitung von Arbeitsgruppen und Besprechungen.

Problemlösen
Probleme umfassend, schnell und mit so wenig Aufwand wie möglich angehen sowie geeignete Maßnahmen zur Lösung ergreifen können.

Kreativitätstechniken
Strategien und Techniken, die geeignet sind, innovative Ideen zu generieren.

Zeitmanagement
Einteilung eigener Zeitkontingente, so dass fremd- sowie selbstgesetzte Ziele umfassend und effektiv erreicht werden können.

Selbstmarketing
Vorteilhafte und gleichzeitig realistische Darstellung der eigenen Person in beruflich relevanten Situationen sowie die Fähigkeit, Netzwerke für die individuelle Laufbahn knüpfen zu können.

Sozial/kommunikative Kompetenzen

Teamfähigkeit/Teamorientierung
In Gruppen die eigene Rolle so finden zu können, dass man einen wertvollen Beitrag zum Ziel der Gruppe leisten kann.

Team-/Projektmanagement
Projekte aufsetzen und (Projekt-)Teams leiten können.

Sensitivität
Offenheit für die Empfindungen und Bedürfnisse anderer Menschen sowie die Fähigkeit, angemessen auf diese reagieren zu können.

Interkulturelle Sensibilität
In einem fremden Kulturkreis agieren und sich trotz möglicher Hindernisse zurechtfinden können. Überzeugungsfähigkeit Die eigenen Pläne und Sichtweisen so darstellen können, dass andere Menschen sie verstehen, in gleicher Weise beurteilen, teilen und übernehmen.

Durchsetzungsfähigkeit
Eigene Ziele und Vorstellungen auch gegen den Widerstand anderer umsetzen können, überzeugend argumentieren sowie – auch bei Widerstand – nicht gleich nachzugeben.

Persönliche Kompetenzen

Selbstmanagement
Die eigenen Talente so einsetzen können, dass – aus persönlicher Sicht – erstrebenswerte Ziele gesetzt und erreicht werden. Der Prozess verlangt Bereitschaft zur Offenheit für neue Beobachtungen, Erfahrungen und Anregungen, so dass Lernen und Veränderung möglich sind.

Eigeninitiative/Gestaltungsmotivation
Aktivität aus eigenem Antrieb entfalten sowie die Motivation aufrechterhalten, Situationen und Prozesse selbst gestalten zu wollen.

Zielorientierung
Sich selbst auf ein Ziel ausrichten können sowie die Fähigkeit, immer wieder zu prüfen, ob der gewählte Weg zur Erreichung beiträgt oder eine andere Strategie eingesetzt werden muss.

Entscheidungsfähigkeit
Schnell und klar für sich festlegen können, was man möchte.

Selbstsicherheit
Ohne Befürchtungen und Ängste auftreten sowie Wünsche und Bedürfnisse klar äußern können.

Stressbewältigung
Mit unangenehmen Situationen so umgehen können, dass sie sich nicht negativ auf die eigene Befindlichkeit auswirken.

Was Sie aus diesem *Essential* mitnehmen können

Um an die Worte am Anfang dieses Essentials anzuknüpfen, ist nun die Reise durch die Welt der Schlüsselkompetenzen zu Ende. Diese Welt setzt sich aus vielen einzelnen Facetten zusammen, die man aber klar strukturieren und definieren kann, um ein gemeinsames Verständnis zu haben. Ein klares Bekenntnis zur Notwendigkeit müsste sich ergeben haben und die Bedeutung für das berufliche, wie auch private Leben ist nicht mehr zu leugnen. Die Zukunft wird die Welt verändern und auch die Schlüsselkompetenzen sind ein Teil unserer gemeinsamen Welt. Die Themen Nachhaltigkeit und das immer schneller entwickelnde Feld der Informations- und Kommunikationstechnologien werden ein Teil des Schlüssels für eine erfolgreiche Zukunft sein.

E. Müller, *Einführung in das Thema Schlüsselkompetenzen*, essentials, https://doi.org/10.1007/978-3-658-34565-5

Literatur

Ala-Mutka, K. (2011). *Mapping digital competence: Towards a conceptual understanding*. European Commission Joint Research Centre. Institute for Prospective Technological Studies, Publications Office of the European Union.

BMBF (2004). *Weiterbildungspass mit Zertifizierung informellen Lernens* (S. 74). Bundesministerium für Bildung und Forschung.

Brockhaus (1924). *Handbuch des Wissens in vier Bänden*. Leipzig.

Brunner, A. (2008). *Kreativer denken* (S. 221 ff.). Oldenbourg Wissenschaftsverlag.

Bunk, G. P. (1994). Kompetenzvermittlung in der beruflichen Aus- und Weiterbildung in Deutschland. In *Kompetenz: Begriffe und Fakten. Europäische Zeitschrift für Berufsbildung 94* (Nr. 1, S. 9–15). CEDEFOP – Europäisches Zentrum für die Förderung der Berufsausbildung.

Dröge, Ch.(2012). *Informatorische Schlüsselkompetenzen*. Dissertation, Universitätsverlag Potsdam.

Duden (2020a). https://www.duden.de/rechtschreibung/Wissen. Zugegriffen: 13. Juli. 2020.

Duden (2020b). https://www.duden.de/rechtschreibung/Fertigkeit. Zugegriffen: 13. Juli. 2020.

Eggemeier, W., Grohte, U., Müller-Frerich, G. (2010). Vermittlung von Medien- und Methodenkompetenz als Schlüsselqualifikationen Ein Gymnasium macht sich auf den Weg. SQ-Forum 1/2010, Fachhochschule Bochum, S. 21–34.

Ehlers, U.-D. (2020). *Future Skills*. Springer VS (open access). https://doi.org/10.1007/978-3-658-29297-3.

Erpenbeck, J. (2012). Was „sind" Kompetenzen? In W. G. Faix (Hrsg.), *Kompetenz* (Bd. 4, S. 21). Steinbeis-Edition.

Erpenbeck, J. (2012). Interkulturelle Kompetenz. In W. G. Faix, J. Erpenbeck, & M. Auer (Hrsg.), *Bildung. Kompetenz. Werte* (S. 441–466). Steinbeis-Edition.

EU (2006). Recommendation of the European Parliament and of the Council of 18 December 2006 on key competences for lifelong learning, Europäische Union, 2006/962/EC, Official Journal of the European Union, L 394/10 Brüssel.

EU (2017a). Europäische Kommission: Weißbuch zur Zukunft Europas. https://ec.europa.eu/commission/white-paper-future-europe-reflections-and-scenarios-eu27_de. Zugegriffen: 25. Juli 2020.

E. Müller, *Einführung in das Thema Schlüsselkompetenzen*, essentials, https://doi.org/10.1007/978-3-658-34565-5

EU (2017b). Europäische Kommission: Erklärung von Rom vom 25. März 2017. http://www.consilium.europa.eu/de/press/press-releases/2017/03/25/rome-declaration/. Zugegriffen: 25. Juli 2020.

EU (2018). Empfehlung des europäischen Rates zu Schlüsselkompetenzen für lebenslanges Lernen. Europäische Union, 2018/0008 (NLE), Official Journal of the European Union, C 189/1, Brüssel.

Golle, K., & Müller, E. (2011). *Der feine Unterschied.... Kompentzreihe des IZK* (Bd. 3). Hochschule Bochum.

Hacker, W. (1973). *Allgemeine Arbeits- und Ingenieurpsychologie* (S. 500). Berlin.

Heyse, V. (2007). Strategien – Kompetenzen. In V. Heyse & J. Erpembeck (Hrsg.), *Kompetenzmanagement* (S. 27). Waxmann.

Heyse, V. (2010). Kode® als Verfahrenssystem. In V. Heyse, J. Erpembeck, & S. Ortmann (Hrsg.), *Grundstrukturen menschlicher Kompetenzen* (S. 81). Waxmann.

Hidalgo, F. J. P., Gomez Para, E., & Huertas Abril, C. A. (2020). Digital and media competences: Key competences for EFL teachers. *Teaching English with Technologies, 20*(1), 43–59.

Kinkel, St., Beiner, S., & Schäfer, A. (2020). Wertschöpfungspotentiale 4.0. Bericht einer Studie von der Hochschule Karlsruhe, des Instituts für Lernen und Innovation in Netzwerken. Der Bericht wurde im Jahr 2020 erstellt (persönliche Information des Buchautors).

Hsueh, S. L. (2020). Chineasy. https://www.chineasy.com/. Zugegriffen: 30. Aug. 2020.

Kode. Maßgeschneiderte Kompetenzmodelle mit KODE®X. Kode GmbH, https://www.kodekonzept.com/leistungen/kode-x/. Zugegriffen: 14. Nov. 2020.

Keim, S., & Wittmann, P. (2009). Instrumente der Kompetenzermittlung und -messung. In G. Faix & M. Auer (Hrsg.), *Talent. Kompetenz. Management* (S. 415–441). Steinbeis-Edition.

KOMNet (2006). *Kompetenzentwicklung in vernetzten Lernstrukturen* (S. 128). Universität der Bundeswehr.

Leo (2020). https://dict.leo.org/englisch-deutsch/skilled%20worker. Zugegriffen: 16. Juli 2020.

Mahadevan, J. (2012). Are engineers religious? An interpretative approach to cross-cultural conflict and collective identities. *International Journal of Cross Cultural Management, 12*(1), 133–149.

Mahadevan, J. (2014). Intercultural engineering beyond stereotypes. *European Journal of Training and Development,38*(7), 658–672.

Mayr, A., & Nutz, M. (2004). Bildung und Kultur – eine Einführung. Nationalatlas Bundesrepublik Deutschland – Bildung und Kultur. archiv.nationalatlas.de/wp-content/art_pdf/Band6_12-21_archiv.pdf. Zugegriffen: 19. Juli 2020.

Mertens, D. (1974). „Schlüsselqualifikationen. Thesen zur Schulung für die moderne Gesellschaft." Mitteilungen aus dem Arbeitsmarkt und Berufsforschung, Jhg. 7, no.1, Nürnberg.

Müller, E. (2009). Schlüsselqualifikation, Schlüsselkompetenz oder Schlüsselbildung – Was hätten Sie den gerne?. Vortrag, Hochschule Bochum, Institut für Zukunftsorientierte Kompetenzentwicklung.

Müller, E. (2010). Schlüsselqualifikation – Schlüsselkompetenz – Schlüsselbildung. SQ-Forum 1/10, Hochschule Bochum, Bochum.

Müller, E. (2019). Integration of soft skills in the normal lecture turns of basic academic studies. TOJET special issue, Vol. 1 Oct 2019, Sarkaya Universtity,Sarkaya, S. 164–168.

Müller, E., Mas Mas, C., & Müller, K. (2020). Must the traditional key competences be extended? *IOSR Journal of Research & Method in Education (IOSR-JRME), 10*(6) Ser. IV (Nov.–Dec. 2020), 34–40.

Müller, K., & Müller, E. (2021). Developing and analysing different definitions of operational excellence. *Leadership, Education, Personality: An Interdisciplinary Journal, 1*(2) Springer Nature online. https://doi.org/10.1365/s42681-020-00017-y.

OECD (2005a). The definition and selection of key competences. https://www.oecd.org/pisa/35070367.pdf. Zugegriffen: 3. Juli 2020.

OECD (2005b). Definition und Auswahl von Schlüsselkompetenzen. OECD.

Onpulson (2020). https://www.onpulson.de/lexikon/wissen/. Zugegriffen: 13. Juli 2020.

Richter, C. (1995). *Schlüsselqualifikationen*. Sandmann-Verlag.

Schaeper, H. (2005). *Was sind Schlüsselkompetenzen, warum sind sie wichtig und wie können sie gefördert werden?* Vortrag auf der AKC-Jahrestagung.

Stössel, H.(1986). Schlüsselqualifikationen. In: *Lernfeld Betrieb*, 2. Jg., Dezember 1986, S. 45.

UNESCO (2011). UNESCO ICT Framework for Teachers. United Nations Educational, Scientific and Cultural Organization, CI-2011/WS/5 – 2547.11, Paris.

WECD (World Commission on Environment and Development of the United Nation) (1987). Our Common Future. United Nation, Annex to document A/42/427 – Development and International Cooperation, Environment, New York.

Weihnert, F. E. (Hrsg.). (2001). *Leistungsmessung in Schulen*. BeltzVerlag.

Young, D., Woods, W., & Reeves, M. (2019). Building resilient businesses, industries, and societies. https://www.bcg.com/de-de/publications/2019/optimize-social-business-value.aspx. Zugegriffen: 15. Febr. 2020.

Printed in the United States
by Baker & Taylor Publisher Services